上海市工程建设规范

历史建筑安全监测技术标准

Technical standard for safety monitoring of historical buildings

DG/TJ 08—2387—2021

J 15914—2021

主编单位:上海市建筑科学研究院有限公司

批准单位:上海市住房和城乡建设管理委员会

施行日期:2021 年 12 月 1 日

U0250659

同济大学出版社

2022 上海

图书在版编目(CIP)数据

历史建筑安全监测技术标准/上海市建筑科学研究院有限公司主编. —上海 : 同济大学出版社, 2022.9

ISBN 978-7-5765-0329-6

Ⅰ. ①历… Ⅱ. ①上… Ⅲ. ①古建筑-安全监测-技术标准-上海 Ⅳ. ①TU-87

中国版本图书馆 CIP 数据核字(2022)第 150439 号

历史建筑安全监测技术标准

上海市建筑科学研究院有限公司　**主编**

责任编辑　朱　勇
责任校对　徐春莲
封面设计　陈益平

出版发行　同济大学出版社　　www.tongjipress.com.cn
（地址:上海市四平路 1239 号　邮编:200092　电话:021-65985622）
经　　销　全国各地新华书店
印　　刷　浦江求真印务有限公司
开　　本　889mm×1194mm　1/32
印　　张　2.875
字　　数　77 000
版　　次　2022 年 9 月第 1 版
印　　次　2022 年 9 月第 1 次印刷
书　　号　ISBN 978-7-5765-0329-6
定　　价　30.00 元

本书若有印装质量问题,请向本社发行部调换　　版权所有　侵权必究

上海市住房和城乡建设管理委员会文件

沪建标定〔2021〕517 号

上海市住房和城乡建设管理委员会
关于批准《历史建筑安全监测技术标准》为
上海市工程建设规范的通知

各有关单位：

由上海市建筑科学研究院有限公司主编的《历史建筑安全监测技术标准》，经我委审核，现批准为上海市工程建设规范，统一编号为 DG/TJ 08—2387—2021，自 2021 年 12 月 1 日起实施。

本规范由上海市住房和城乡建设管理委员会负责管理，上海市建筑科学研究院有限公司负责解释。

特此通知。

上海市住房和城乡建设管理委员会

二〇二一年八月十日

前　言

根据上海市住房和城乡建设管理委员会《关于印发〈2019年上海市工程建设规范、建筑标准设计编制计划〉的通知》(沪建标定〔2018〕753号)要求,本标准由上海市建筑科学研究院有限公司会同相关单位编制完成。

本标准的主要内容有:总则;术语;基本规定;监测内容;监测方法与要求;监测预警;监测分析与成果。

各单位及相关人员在执行本标准过程中,如有意见和建议,请反馈至上海市房屋管理局(地址:上海市世博村路300号;邮编:200125),上海市建筑科学研究院有限公司《历史建筑安全监测技术标准》编制组(地址:上海市宛平南路75号3号楼409室;邮编:200032;E-mail:jgsrd@sribs.com.cn),上海市建筑建材业市场管理总站(地址:上海市小木桥路683号;邮编:200032;E-mail:shgcbz@163.com),以供今后修订时参考。

主 编 单 位:上海市建筑科学研究院有限公司

参 编 单 位:上海市房屋安全监察所(上海市历史建筑保护事务中心)

上海建科工程改造技术有限公司

上海建工四建集团有限公司

上海勘察设计研究院(集团)有限公司

同济大学

上海建为历保科技股份有限公司

上海理工大学

浙江博鉴科技有限公司

主要起草人：蒋利学　王卓琳　李向民　李宜宏　蔡乐刚
谷志旺　谢永健　赵　鸣　张富文　李晓武
郑　昊　王　超　肖　顺　郑士举　王伟茂
王煜成　汤树人　李占鸿　张永群　陈　溪
彭　斌　王　颖　付焕平　杨　霞　王　磊
金艳萍　黄　帆　田　坤

主要审查人：沈　恭　赵金城　李孔三　陈　洋　栗　新
丁文胜　包联进

上海市建筑建材业市场管理总站

目　次

1　总　则 ………………………………………………………… 1
2　术　语 ………………………………………………………… 2
3　基本规定 ……………………………………………………… 4
　3.1　一般规定 …………………………………………………… 4
　3.2　监测工作程序 ……………………………………………… 5
　3.3　监测系统及设备 …………………………………………… 7
　3.4　测点布置与监测频次 ……………………………………… 9
4　监测内容 ……………………………………………………… 11
　4.1　使用安全监测 ……………………………………………… 11
　4.2　施工安全监测 ……………………………………………… 12
　4.3　受周边环境影响的安全监测 ……………………………… 14
5　监测方法与要求 ……………………………………………… 17
　5.1　一般规定 …………………………………………………… 17
　5.2　整体变形监测 ……………………………………………… 17
　5.3　应变、挠度与裂缝监测 …………………………………… 18
　5.4　振动监测 …………………………………………………… 20
　5.5　消防监测 …………………………………………………… 21
　5.6　环境监测 …………………………………………………… 21
　5.7　其他监测 …………………………………………………… 22
6　监测预警 ……………………………………………………… 24
7　监测分析与成果 ……………………………………………… 27
　7.1　监测数据处理 ……………………………………………… 27
　7.2　安全影响评定 ……………………………………………… 28
　7.3　监测成果 …………………………………………………… 30

附录A　梁挠度和应变的安全控制值 ………………………………… 32
附录B　建筑不均匀沉降对结构的影响分析 ……………………… 34
本标准用词说明 ……………………………………………………… 38
引用标准名录 ………………………………………………………… 39
条文说明 ……………………………………………………………… 41

Contents

1 General provisions ······ 1
2 Terms ······ 2
3 Basic requirements ······ 4
3. 1 General requirements ······ 4
3. 2 Monitoring procedures ······ 5
3. 3 Monitoring system and equipment ······ 7
3. 4 Arrangement of measuring points and monitoring frequency ······ 9
4 Content of monitoring ······ 11
4. 1 Service safety monitoring ······ 11
4. 2 Construction safety monitoring ······ 12
4. 3 Surrounding environmental impact monitoring ······ 14
5 Monitoring methods and requirements ······ 17
5. 1 General requirements ······ 17
5. 2 Overall deformation monitoring ······ 17
5. 3 Strain, deflection and crack monitoring ······ 18
5. 4 Vibration monitoring ······ 20
5. 5 Fire protection monitoring ······ 21
5. 6 Environment monitoring ······ 21
5. 7 Other items monitoring ······ 22
6 Monitoring warning ······ 24
7 Monitoring analysis and results ······ 27
7. 1 Monitoring data processing ······ 27
7. 2 Safety impact analysis ······ 28

7.3 Monitoring results ······································· 30
Appendix A Safety control values of deflection and strain for beam ······································· 32
Appendix B Influence analysis of non-uniform settlement on structure ······································· 34
Explanation of wording in this standard ······································· 38
List of quoted standards ······································· 39
Explanation of provisions ······································· 41

1 总 则

1.0.1 为了规范历史建筑安全监测技术的应用，提高历史建筑预防性保护的水平，制定本标准。

1.0.2 本标准适用于本市历史建筑在使用和施工期间及受环境影响时的安全监测，本市各类近现代文物建筑在技术条件相同时也可适用。

1.0.3 历史建筑安全监测，除应执行本标准外，尚应符合国家、行业和本市现行有关标准的规定。

[watermark logo]

2 术 语

2.0.1 历史建筑 historical building

经政府批准并公布的，或虽未经批准公布但具有一定保护价值的、且能够反映历史风貌和地方特色的建筑，包括优秀历史建筑、保留历史建筑和一般历史建筑。

2.0.2 监测 monitoring

采用仪器量测、现场巡查、远程视频监控等手段和方法，长期、连续地采集和收集反映建筑自身以及周边环境对象的状态、变化特征及其发展趋势的活动。

2.0.3 安全监测 safety monitoring

对建筑在日常使用、施工等过程中及受周边环境影响时的安全状态及动态变化进行量测、检查、监视的活动，包括使用安全监测、施工安全监测、受周边环境影响的安全监测。

2.0.4 使用安全监测 service safety monitoring

在历史建筑使用期间对其自身的安全监测工作，包括结构安全监测、消防监测、环境监测及其他监测等。

2.0.5 施工安全监测 construction safety monitoring

在历史建筑施工期间对其自身的安全监测工作，包括修缮改造施工安全监测、移位施工安全监测和纠偏施工安全监测等。

2.0.6 受周边环境影响的安全监测 surrounding environmental impact monitoring

周边存在施工、振动等不利影响因素时，对历史建筑的安全监测工作，包括邻近施工影响监测、建筑振动影响监测等。

2.0.7 建筑振动 building vibration

建筑由动力机器、铁路（火车）、公（道）路汽车、城市轨道交通（地铁、城铁）、施工作用等引起的振动。

2.0.8 监测点 monitoring point

直接或间接布置在被监测对象上、能反映其变化特征的观测点。

2.0.9 监测频次 monitoring frequency

单位时间内的监测次数。

2.0.10 监测预警 monitoring warning

根据结构监测、损伤诊断和安全评定结果，在可能发生危险或潜在危险前，向相关部门发出告警信号的过程。

2.0.11 监测预警值 warning value for monitoring

为保证被监测对象的安全，对表征被监测对象可能发生异常或进入危险状态的监测量所设定的警戒值。

2.0.12 安全影响分析 safety impact analysis

根据监测系统返回的结果，分析被监测对象当前的工作状态，评估不利因素对被监测对象影响的过程。

2.0.13 监测报告 monitoring report

监测成果汇总整理后所形成的报告文件。

3 基本规定

3.1 一般规定

3.1.1 历史建筑安全监测应根据实际需求确定监测类型，包括使用安全监测、施工安全监测和受周边环境影响的安全监测。

3.1.2 在历史建筑使用安全监测、施工安全监测前，宜依据现行上海市工程建设规范《房屋质量检测规程》DG/TJ 08—79 进行房屋质量综合检测；在受周边环境影响的安全监测前，宜依据现行上海市工程建设规范《房屋质量检测规程》DG/TJ 08—79 进行完损状况检测。

3.1.3 历史建筑在下列情况下应进行使用安全监测：

1 建筑发生倾斜、不均匀沉降或其他变形，或建筑构件发生损坏及人为破坏，影响建筑安全但不能及时有效处理时。

2 经鉴定构成危房或存在明显安全隐患，但不能及时有效治理时。

3 建筑使用功能、使用荷载、结构体系等发生变化，存在安全风险但不能采取加固等工程措施时。

4 经检查或鉴定，需要监测结构构件的安全状态及其变化时。

5 建筑遭受严重灾害或事故后。

6 其他有必要进行使用安全监测的情况，如消防安全、附属设施安全等。

3.1.4 历史建筑在下列情况下应进行施工安全监测：

1 建筑进行修缮加固或改造施工，可能引起难以准确预见的结构构件受力特征变化时。

2 进行建筑移位施工时。

3 进行建筑纠偏施工时。

3.1.5 历史建筑在下列情况下应进行受周边环境影响的安全监测：

1 受到邻近施工影响时。

2 发现存在振动等周边环境影响时。

3 周边环境发生显著变化时。

3.1.6 历史建筑安全监测应符合下列规定：

1 安全监测宜根据监测内容，采用传感器自动化监测、视频监测等实时监测方法，也可采用仪器量测、现场巡视检查等定期监测方法。

2 监测系统的安装应遵循对历史建筑最小干预的原则，宜采用可逆、无损的方式，安装在隐蔽部位或与保护部位进行协调处理，不应对历史建筑保护部位造成永久性影响。

3 监测期间应对监测系统有效性进行检查和维护。

4 应使用检定、校准合格的仪器设备，且在有效期内；使用新型仪器设备时，应有可靠方法检验其监测结果的有效性。

3.2 监测工作程序

3.2.1 历史建筑安全监测工作的一般程序应包括工作计划制定、现状勘查、监测方案设计、对监测方案的技术论证、监测实施、监测数据分析与成果报告撰写等。

3.2.2 监测工作计划的制订应明确历史建筑保护和监测的要求，并初步确定监测工作的总体架构和计划。

3.2.3 现状勘查应包括下列工作内容：

1 调查收集历史、环境、地基基础、上部结构、重点保护部位及保护现状、设计图纸、竣工图纸、计算书、历次修缮等基础资料。

2　进行建筑和关键构件初始状态的变形测量与完损调查，掌握建筑的基本结构体系和连接构造情况。

3　现状勘查发现明显安全隐患时，应委托专业机构进行安全性检测，可按现行上海市工程建设规范《房屋质量检测规程》DG/TJ 08—79 执行。

4　如在现状勘查前已按照本标准第 3.1.2 条进行过房屋质量综合检测或完损状况检测，监测单位在监测方案设计前应对检测结果进行复核。

3.2.4　监测方案应依据历史建筑保护要求、监测范围和监测目的进行设计，宜包括现状分析、监测内容、精度要求、监测频次、测量方法、测量仪器设备、监测点布设以及监测数据采集、传输、处理及预警值设置、相关保障措施等。监测系统的设计方案尚应包含对历史建筑的保护措施的专门论述。

3.2.5　监测实施流程一般包括建立监测系统、监测数据采集及处理、分析评估建筑安全状态及原因、持续监测、预警及应急措施、监测结束等。监测过程中如果出现结构受损或监测数据报警的情况，应及时分析原因，必要时应进行现场核对或复测，并进一步实地检查结构构件的安全状况(图 3.2.5)。

3.2.6　历史建筑安全监测宜设置监测预警值，设置前应进行监测前预分析，掌握建筑及监测结构构件的初始状态；预警值应满足被监测对象的安全控制要求，并符合本标准第 6 章的相关规定。

3.2.7　监测数据分析应根据关键监测项目及其数据采集结果，对历史建筑的结构安全和使用安全影响进行评定。

3.2.8　监测报告应包括项目概况、监测系统、监测方案、监测报表、监测数据分析、监测结论与建议等。

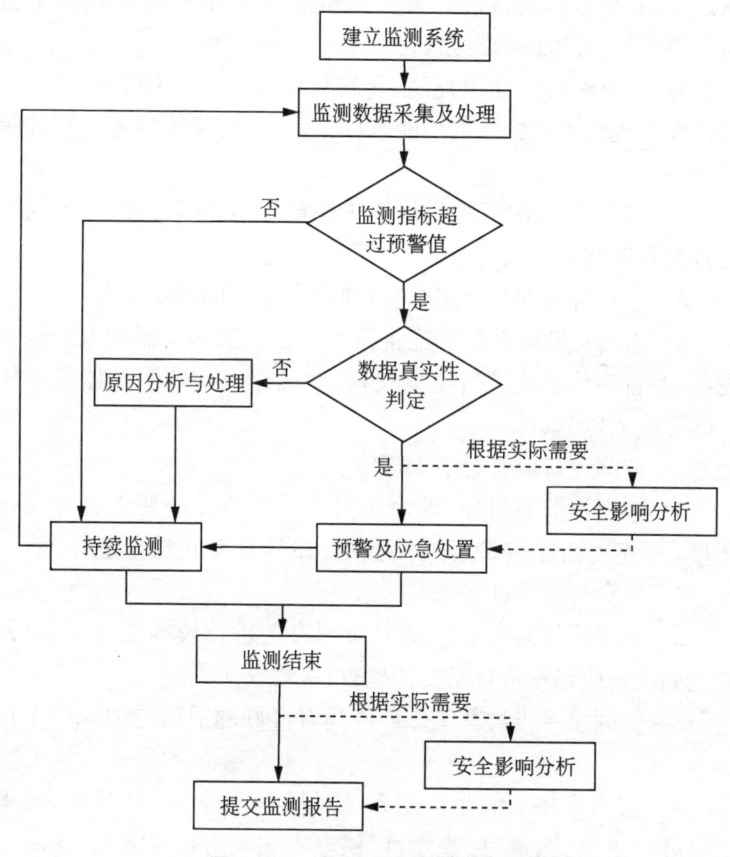

图 3.2.5　监测实施流程示意图

3.3　监测系统及设备

3.3.1　监测系统应符合下列规定：

1　应根据监测内容和监测需求，选择具有针对性和实效性的监测方法，并根据现场情况选用适当的设备仪器。

2　应具有完整的采集、传输、存储、数据处理及控制、预警及状态评估、数据自动备份和人工定期备份等功能，数据集成平台应提供开放、标准的数据接口。

3 宜具有历史建筑建造、历次修缮改造等基础资料以及完损情况等现状资料的接入功能，以便建立历史建筑病害库和健康档案。

4 宜具有网络防护功能，防止恶意攻击和病毒破坏，确保监测数据和监测系统的安全。

5 宜具有定期自动编制实时监测报告的功能。

6 自动化监测系统宜配备独立于自动监测仪器的人工测量设备，对自动化系统进行定期校核，并确保自动监测仪器发生故障时可获取监测数据。

3.3.2 监测设备应符合下列规定：

1 应根据监测对象、监测项目和监测方法的要求进行设备选型，其读测精度应符合相关要求，并具有良好的稳定性、耐久性、兼容性和可扩展性。

2 在正式投入使用前应对监测设备进行校准或检定，对长期监测设备应定期进行必要的检查、检测及保养。

3 监测设备应对其工作环境具有良好的适应能力和抗干扰能力。

4 监测设备应满足监测系统对量程、分辨率、线性度、灵敏度、迟滞、重复性、漂移、稳定性、供电方式及寿命等要求；实时监测时，监测设备的采样频率应满足监测要求。

5 监测设备的作业环境要求，应符合现行国家标准《建筑与桥梁结构监测技术规范》GB 50982 的相关规定。

3.3.3 监测设备的安装应符合下列规定：

1 采用自动化监测设备及系统时，安装位置宜避开历史建筑中已有的强电设备或强电线路；如难以避开时，应采取专项屏蔽措施。

2 监测设备安装位置应根据监测内容合理选取，当需要安装在下水道、燃气管道等特殊环境时，应采取必要的专项防爆措施。

3 安装应牢固，安装工艺及耐久性应符合监测期内的使用要求。

4 安装完成后应及时现场标识并绘制监测设备布置图，存档备查。

3.3.4 监测数据采集应符合下列规定：

1 监测数据采集前，应对含噪信号进行降噪处理，提高信号的信噪比。

2 更换传感器后，应对传感器更换前后的监测数据进行衔接处理。

3 监测系统中存储数据的单位，宜采用国际单位制。

3.3.5 历史建筑安全监测现场应对监测点、传感器、电缆、采集仪等监测设备、设施采取保护措施。

3.4 测点布置与监测频次

3.4.1 监测点的位置和数量应符合下列规定：

1 监测点应能反映监测对象的实际状态及其变化趋势，宜布置在能反映监测参数特征的关键及敏感点上，并应满足监测要求。

2 监测点的位置和数量宜根据历史建筑保护要求、结构类型、监测目的、监测内容及理论分析结果确定。

3 监测点的位置和布置范围宜有一定的冗余度，重要部位或监测数据变化较大的部位应适当增加监测点，以便监测数据的相互验证。

4 监测点的选择宜便于监测设备的安装、测读、维护和替代，且不妨碍监测对象的施工或正常使用。

3.4.2 监测频次应符合下列规定：

1 首次监测应在温度较稳定时连续进行不少于 2 次独立量

测，取多次稳定量测值的平均值作为量测的初始值。

2 监测频次应根据监测对象、监测目的、监测内容、环境条件等情况和特点，并结合实际情况进行确定，可以选择实时监测、定期监测等不同频次。

1） 建筑使用安全的定期监测频次不宜低于每月1次，实时监测频次不宜低于每天1次，并应符合现行行业标准《建筑变形测量规范》JGJ 8的相关规定；

2） 施工安全监测宜采用实时监测方式，修缮改造施工安全的监测频次应符合现行行业标准《建筑变形测量规范》JGJ 8的相关规定，移位施工安全的监测频次应符合现行行业标准《建（构）筑物移位工程技术规程》JGJ/T 239的相关规定，纠偏施工安全的监测频次应符合现行行业标准《建筑物倾斜纠偏技术规程》JGJ 270的相关规定；

3） 受周边环境影响的安全监测宜采用实时监测与定期监测相结合的方式，应根据影响因素的重要性和预测的影响程度确定监测频次，并应符合现行上海市工程建设规范《基坑工程施工监测规程》DG/TJ 08—2001等的相关规定。

3 当遇到下列情况时，应提高监测频次：

1） 监测数据异常或变化速率较大；

2） 监测数据达到或超过预警值；

3） 存在勘察未发现的不良地质条件，且影响建筑安全；

4） 地表或历史建筑周边环境发生较大沉降、不均匀沉降；

5） 修缮工程出现异常、工程险情或事故后重新组织施工；

6） 建筑受到地震、暴雨、洪水、台风、爆破及交通事故等异常情况影响，邻近工程施工、超载、振动等周边环境条件有较大改变，影响历史建筑安全。

4 监测实施过程中，当建筑发生明显损伤危及使用安全时，应采取临时性加固修缮处理措施及其他必要措施。

4 监测内容

4.1 使用安全监测

4.1.1 历史建筑使用安全监测根据实际需求可分为结构安全监测、消防监测、环境监测及其他监测。

4.1.2 结构安全监测项目宜包括建筑整体变形、构件变形、裂缝及应变、连接节点变形及损伤、使用荷载、动力特性及振动响应等，具体监测内容应根据历史建筑特点及保护要求按表4.1.2选择。

表4.1.2 历史建筑结构安全监测项目与内容

监测项目	监测内容
建筑整体变形	建筑竖向位移、建筑水平位移、建筑倾斜等
构件变形、裂缝及应变	水平构件挠度，竖向构件垂直度、墙体弓凸，构件裂缝，构件应变，构件平面外变形等
连接节点变形及损伤	连接节点滑移或相对转角、连接节点损伤、相邻构件脱开量或错位量等
使用荷载	人流量、材料堆载、设备荷载等
动力特性及振动响应	频率、模态、阻尼、加速度、速度、位移等

4.1.3 消防监测项目宜包括电气及消防设施、消防环境、消防通道等，具体监测内容应根据历史建筑特点及保护要求按表4.1.3选择。

表4.1.3 历史建筑消防监测项目与内容

监测项目	监测内容
电气及消防设施	配电（电压、电流、电位）、消防水压等
消防环境	温度、烟气（CO_2 浓度）等
消防通道	畅通性等

4.1.4 环境监测项目宜包括风、降水、温度、湿度等，具体监测内容应根据历史建筑特点及保护要求按表 4.1.4 选择。

表 4.1.4 历史建筑环境监测项目与内容

监测项目	监测内容
风	风速、风向、风压等
降水	降雨量、降雪量等

4.1.5 其他监测项目包括虫害、结构构件耐久性、装饰部件、外立面及附属物等，具体监测内容应根据历史建筑特点及保护要求按表 4.1.5 选择。

表 4.1.5 历史建筑其他监测项目与内容

监测项目	监测内容
虫害	白蚁、蚁蚀程度等
结构构件耐久性	钢材或钢筋锈蚀、混凝土碳化、砌体风化粉化、墙体潮湿渗漏、木材腐朽、硫酸盐等化学侵蚀等
装饰部件、外立面及附属物	装饰面层空鼓、渗水、开裂，装饰构件连接老化、松动等

4.2 施工安全监测

4.2.1 施工安全监测应根据实际需求确定监测内容，包括修缮改造施工安全监测、移位施工安全监测和纠偏施工安全监测等。

4.2.2 修缮改造施工安全监测项目宜包括建筑整体变形、承重构件变形和应变等，具体监测内容应根据历史建筑特点及保护要求按表 4.2.2 选择。

表 4.2.2 修缮改造施工安全监测项目与内容

监测项目	监测内容
建筑整体变形	建筑竖向位移、建筑水平位移、建筑倾斜、拆除构件后残余部分施工过程的整体变形与位移等

续表4.2.2

监测项目	监测内容
承重构件水平及竖向变形	待加固的承重构件、承受加固后构件荷载的相邻构件、与待拆除构件相邻的承重构件、施工荷载较大的承重构件及相邻构件等
承重构件应变	待加固的承重构件、承受加固后构件荷载的相邻构件、与待拆除构件相邻的承重构件、后装延迟构件和有临时支撑的构件、施工荷载较大的承重构件及相邻构件等

4.2.3 移位施工安全监测项目宜包括建筑整体变形、移位施工过程实时监测和周边受影响建筑等，具体监测内容应根据移位施工的不同阶段并结合历史建筑特点、保护要求及周边环境按表4.2.3选择。

表4.2.3 移位施工安全监测项目与内容

监测项目	监测内容
建筑整体变形	建筑竖向位移、建筑水平位移、建筑倾斜等
移位施工过程实时监测	关键部位或薄弱部位构件的应变、倾角、位移（直接托换构件与间接构件的相对位移、托换结构与历史建筑结构构件的相对位移）
	连接节点变形与裂缝
	移位速度、移位加速度
	房屋各轴移动的均匀性、方向性
	托换结构及下轨道结构体系的变形、裂缝
	千斤顶轴力和位移的同步性、均衡性和可互验性
	顶推装置的顶推力及顶推点位移
周边受影响建筑	受影响建筑的水平位移、倾斜、沉降、裂缝等

4.2.4 纠偏施工安全监测项目宜包括建筑整体变形、纠偏施工过程实时监测和周边受影响建筑等，具体监测内容应根据纠偏方法并结合历史建筑特点、保护要求及周边环境按表4.2.4选择，

并做到信息化施工。

表 4.2.4 纠偏施工安全监测项目与内容

监测项目	监测内容
建筑整体变形	建筑竖向位移、建筑水平位移、建筑倾斜等
纠偏施工过程实时监测	建筑主要受力构件应力应变监测
	建筑沉降跟踪监测(追降纠偏)
	连接节点变形与裂缝跟踪监测(追降纠偏)
	建筑顶升量实时监测(顶升纠偏)
	连接节点变形与裂缝实时监测(顶升纠偏)
	千斤顶轴力和位移的同步性、均衡性和可互验性
周边受影响建筑	受影响建筑倾斜、竖向位移、水平位移、裂缝等

4.3 受周边环境影响的安全监测

4.3.1 受周边环境影响的安全监测应根据实际需求确定监测内容,包括邻近施工影响监测、建筑振动影响监测等。

4.3.2 对符合下列条件的历史建筑宜进行邻近施工影响监测:

1 处在保护范围和建设控制地带内的基坑工程以及基坑工程 2 倍基坑深度范围内或 50 m 范围内的历史建筑。

2 挤土桩和部分挤土桩沉桩施工时,2 倍桩长范围内的历史建筑。

3 隧道掘进施工时,当隧道中心埋深小于或等于 20 m 时,隧道地表投影区边线外 1 倍隧道中心埋深范围内的历史建筑;当隧道中心埋深大于 20 m 时,取隧道地表投影区边线外 1 倍隧道中心埋深与 3 倍隧道结构外径二者较小值的范围内的历史建筑。

4 其他可能受到邻近施工影响的历史建筑,如优秀历史建筑保护范围和建设控制地带内进行新建、扩建、改建等建筑工程时。

4.3.3 历史建筑在邻近施工影响下的监测内容，应符合下列规定：

1 历史建筑在邻近施工影响下的监测宜包括建筑自身的变形监测、应力应变监测等；当周边涉及开挖或降水活动时，抗变形能力较差的历史建筑宜在周边环境进行地坪沉降、地下水位、土体深层水平位移等监测。

2 历史建筑的变形监测宜包括沉降、差异沉降、倾斜、裂缝、支座位移、构件挠度等监测内容。

3 历史建筑的应力应变监测宜包括主要承重构件、变形导致附加应力较大的构件的应力、应变等监测内容。

4 其他对历史建筑安全存在影响的参数监测。

4.3.4 历史建筑周边存在交通、施工、爆破、动力设备等工业振源且振感明显时，其振动响应监测应符合下列规定：

1 当振动响应超过现行国家标准《建筑工程容许振动标准》GB 50868规定的容许振动值时，应在振源作用期间开展振源典型作用工况下的历史建筑振动响应监测，并宜对建筑自身进行使用安全监测。

2 当振动响应虽未超过现行国家标准《建筑工程容许振动标准》GB 50868规定的容许振动值，但历史建筑自身状况较差时，宜对其进行振动响应监测。

3 条件允许且必要时，宜进行振源监测并分析其与历史建筑振动响应的相关性。

4.3.5 历史建筑在振动影响下的监测内容，应符合下列规定：

1 铁路、城市轨道交通和公路交通振动影响下，应开展历史建筑顶层楼面中心位置处水平向两个主轴方向的振动速度峰值及其对应的频率监测，以及基础处竖向和水平向两个主轴方向的振动速度峰值及其对应的频率监测。

2 锤击和振动法打桩、振冲法处理地基、强夯法处理地基等施工振动以及锻锤、冲床、空气压缩机、冷冻机、风机、砂轮机、水泵等工业动力设备振动影响下，应开展历史建筑结构基础和顶层楼面竖向和水平向两个主轴方向的振动速度峰值及对应频率监测。

3 爆破施工振动影响下，应开展历史建筑结构基础竖向和水平向两个主轴方向振动速度峰值及对应频率监测。

5 监测方法与要求

5.1 一般规定

5.1.1 历史建筑安全监测应采用与监测目的、监测内容、现场情况等相适应的监测方法。

5.1.2 监测方法与监测设备选型应遵从技术先进、耐久性好、性能稳定的原则，监测用传感器应做好防结露措施。

5.2 整体变形监测

5.2.1 建筑倾斜监测应符合下列规定：

1 倾斜的初始值量测和定期监测可采用全站仪、经纬仪或激光垂准仪；采用全站仪进行倾斜监测时，宜在监测点布设棱镜或反光片。

2 倾斜变化的实时监测可采用倾斜传感器，宜选择受温度影响小或具有温度补偿功能的倾斜传感器，并应考虑使用环境是否存在振动和电磁干扰等问题；倾斜传感器的量程宜大于10°，标称精度不宜低于1/10 000。

3 倾斜监测频次应与水平位移监测及竖向位移监测频次相协调；当发现倾斜增大时，应及时增加监测次数或进行持续监测。

5.2.2 建筑竖向位移监测应符合下列规定：

1 竖向位移的初始值量测和定期监测宜采用水准测量的方法，当不便于水准测量时，可采用高精度全站仪进行三角高程测量。

2 竖向位移变化的实时监测可采用静力水准测量的方法，

静力水准仪的量程宜为竖向位移预估值的1.5倍～3倍，标称精度不宜低于0.15 mm。

3 宜定期采用水准测量方法对静力水准测量系统进行校核，校核周期不宜超过6个月。

4 静力水准测量系统应进行温度补偿。应保证连通管内液体的流动性，并定期对液位进行检查。系统布设在室外时，连通管管路应采取防冻和防晒措施。

5 竖向位移监测的其他技术要求应符合现行行业标准《建筑变形测量规范》JGJ 8的相关规定，其中水准测量和静力水准测量的精度宜为一等，三角高程测量的精度不应低于三等。

5.2.3 建筑水平位移监测应符合下列规定：

1 水平位移的初始值量测和定期监测可采用全站仪测量的方法，监测频次宜与竖向位移监测频次一致。

2 水平位移变化的实时监测可采用卫星导航定位测量或全站仪自动跟踪的方法。卫星导航定位测量宜采用静态测量模式，并应至少设置1个稳定参考站。

3 需获取建筑变形的细节和全貌特征时，可采用三维激光扫描、近景摄影测量和地基SAR监测等方法。

4 水平位移监测的其他技术要求应符合现行行业标准《建筑变形测量规范》JGJ 8的相关规定，其中全站仪测量的精度宜为一等，卫星导航定位测量和近景摄影测量的精度不应低于二等，三维激光扫描的精度不应低于三等。地基SAR的监测精度不宜低于1 mm。

5.3 应变、挠度与裂缝监测

5.3.1 应变监测应符合下列规定：

1 应变监测可根据使用环境、安装条件、采样频率、监测周期等因素选用振弦式、光纤光栅式和电阻式应变传感器。需监测结构的动应变时，应选用光纤光栅式或电阻式应变传感器。

2 应同步监测应变传感器安装位置的温度，并对应变监测值进行温度修正。

3 应变传感器应安装牢固，宜采用焊接或栓接的方式安装，也可采用粘接或锚固的方式安装。采用粘接或锚固方式安装的应变传感器，宜在安装完成1周后再测定初始值。

4 应变传感器的量程和精度等要求应符合表5.3.1的要求。

表5.3.1 应变传感器主要指标要求

指标名称	要求
量程	≥3 000 με
精度	≤0.5%FS
分辨率	≤0.1%FS

5.3.2 挠度监测应符合下列规定：

1 挠度的初始值量测和定期监测可采用全站仪测量、水准测量、激光测量等方法。

2 挠度变化的实时监测可选用全站仪、静力水准仪、位移传感器、倾角仪等监测设备，传感器的量程宜为挠度变化预估值的1.5倍～3倍。

3 采用静力水准仪进行挠度监测时，应在构件两端和跨中或最大挠度位置分别布置监测点，监测点数量不宜少于5个。

4 挠度监测的其他技术要求应符合现行行业标准《建筑变形测量规范》JGJ 8的相关规定，测量精度不应低于二等。

5.3.3 裂缝监测应符合下列规定：

1 裂缝监测宜采用巡视、人工量测与自动化监测相结合的方法进行，监测内容包括裂缝的长度和宽度等，监测点布置在宽度大或变化大的结构性裂缝处。

2 裂缝监测前应采用裂缝观测仪观测、记录已有裂缝的初始状态，包括裂缝的位置、长度、宽度、走向等。出现新增裂缝时，还应记录发现新增裂缝的日期。

3 裂缝的定期监测可采用直接测量法或刻线法，裂缝宽度测量可采用裂缝卡或裂缝观测仪，测量精度不应低于 0.05 mm。

4 裂缝宽度变化的实时监测可采用裂缝传感器，宜选用具有温度补偿功能的裂缝传感器。传感器宜布置在裂缝最宽处，方向与裂缝的走向垂直。传感器的量程宜为裂缝宽度预估值的 1.5 倍～3 倍，精度不应低于 0.05 mm。

5 对不便于人工量测或布设传感器的裂缝，可采用摄影测量法进行监测。摄影测量的技术要求应符合现行国家标准《工程摄影测量规范》GB 50167 和现行行业标准《建筑变形测量规范》JGJ 8 的相关规定。

5.4 振动监测

5.4.1 振动监测前，宜按照现行国家标准《建筑与桥梁结构监测技术规范》GB 50982 进行历史建筑结构动力特性测试。

5.4.2 振动监测应符合下列规定：

1 历史建筑振动响应监测系统应满足低频、微幅的要求，低频起始范围不宜高于 0.3 Hz，系统分辨率不宜低于 10^{-6} m/s，且应有足够的幅值动态范围；传感器宜选择速度型传感器。低通滤波频率和采样频率应根据所需频率范围设置，采样频率宜为 100 Hz～300 Hz，并应保证不小于信号最高频率的 2 倍。

2 各测点传感器在安装前应进行响应一致性测试，确保对同样的外部振源有一致的响应。

3 上部结构振动响应测点应布置于能反映上部结构整体性的承重构件上；基础振动响应测点宜布置于结构基础上、地下室底板或一层承重外墙底部平坦坚实的地面上。

4 动态响应监测时，测点布置位置应按照本标准第 4.3.5 条的规定选择，可根据建筑具体情况在其他层或振动敏感处增加测点。

5 传感器应牢固固定在测点所在平面上，宜采用螺栓或胶粘结的固定方式，避免采用托架等可能引入附加振动响应的固定方式。测线电缆应与结构构件固定在一起，不得悬空。

5.5 消防监测

5.5.1 消防设施的定期监测应按照现行国家标准《建筑消防设施的维护管理》GB 25201及现行行业标准《建筑消防设施检测技术规程》GA 503的有关规定执行；宜应用智能传感和智慧监管等物联网、互联网先进技术进行实时监测。

5.5.2 消防配电及温度监测的电压互感器输入端不得短路，电流互感器输入端不得开路。

5.5.3 消防水压监测应能反应水箱（池）水位、压力开关的正常工作状态和动作状态。

5.5.4 消防通道的畅通性监测宜通过视频信息采集或摄影测量、巡视检查的方式，实时监测或定期检查通道的占用状况。

5.6 环境监测

5.6.1 环境监测应采用自动化监测手段进行实时监测。

5.6.2 风速、风向、风压监测应符合下列规定：

1 风速及风向传感器宜安装在被测物体周围最高处，并应布设在结构绕流影响区域之外。

2 风速及风向监测宜选用机械式风速仪或超声式风速仪，并宜成对设置；风速仪量程应大于设计风速，风速监测精度宜为0.3 m/s；风向监测精度宜为3°。

3 风压监测宜选用陶瓷型或扩散硅芯体微压差传感器，也可选用专用的风压计;风压测点可根据风荷载分布特征及结构分析结果加以布置。风压计的精度应为满量程的±0.4%,且不宜低于10 Pa。

4 风压和风速监测的采样频率应根据监测要求和功能要求设定,风压传感器不宜低于20 Hz,风速仪不宜低于1 Hz。

5.6.3 降雨量及降雪量监测应符合下列规定:

1 传感器应安装在被测物体方圆1 km以内,并符合现行国家标准《地面气象观测规范降雨量》GB/T 35228的要求。

2 酸雨监测的pH值传感器应安装在被测物体方圆1 km以内。

5.6.4 温度监测应符合下列规定:

1 温度传感器宜选用监测范围大、精度高、线性化及稳定性好的传感器;监测精度宜为±0.5℃。

2 长期温度监测时,监测结果应包括日平均温度、日最高温度和日最低温度。

5.6.5 湿度监测应符合下列规定:

1 湿度宜采用相对湿度表示,湿度传感器监测范围应为12%RH～99%RH,精度宜为±2%RH。

2 湿度传感器要求响应时间短、温度系数小,稳定性好以及湿滞后作用低。

3 湿度传感器宜布置在湿度变化大、对结构耐久性影响大的部位。

4 长期湿度监测时,监测结果应包括日平均湿度、日最高湿度和日最低湿度。

5.7 其他监测

5.7.1 楼面、屋面使用荷载监测及外装饰监测宜采用视频摄像自动化实时监测、定时拍摄图像监测、定期巡视检查等方法。

5.7.2 墙体潮湿渗漏、外饰面空鼓监测宜采用红外热成像方法，并应符合现行行业标准《建筑红外热像检测要求》JG/T 269 及《红外热像法检测建筑外墙饰面粘结质量技术规程》JGJ/T 277 的相关规定。

5.7.3 白蚁监测宜根据实际需要，选用诱饵站监测、微波雷达监测技术、红外热成像技术及声频探测技术等监测方法；监测设备应布设在容易生长白蚁的位置。

5.7.4 结构构件耐久性监测宜采用视频摄像自动化实时监测、定时拍摄图像监测、定期巡视检查等方法，钢筋锈蚀监测可采用监测腐蚀电流的方法进行。针对关键参数和材料性能，可制定相应的耐久性监测方案进行长期监测；必要时，可进行材料性能检测。

5.7.5 地下水位及土体深层水平位移监测宜按照现行上海市工程建设规范《基坑工程施工监测规程》DG/TJ 08—2001 的相关规定执行；土体深层水平位移可采用固定式测斜仪进行实时监测。

6 监测预警

6.0.1 历史建筑的安全监测预警值设定应符合下列规定：

1 应根据历史建筑的保护要求、安全性控制目标等设定监测项目的安全控制值。

2 监测项目的安全控制值，除可按照本标准第6.0.2～6.0.4条规定确定外，也可参考采用相关设计或鉴定标准中的安全性相关限值。

3 宜根据监测项目的安全控制值、初始检测或分析值、监测期间变化预估值等设定监测项目的预警值。

4 监测过程中，可根据监测项目的监测数据变化趋势、其他相关监测项目的联动程度、裂缝损伤等结构实际反应、安全性动态评定结果等动态调整监测预警值。

6.0.2 梁应变和挠度的增量预警值宜根据本标准附录A中的相应控制值确定，并应符合下列规定：

1 梁最大弯曲拉应变增量预警值可采用100 $\mu\varepsilon$～200 $\mu\varepsilon$。

2 钢筋混凝土梁和钢梁的挠度增量预警值可采用本标准附录A中C级挠度控制值的3%～5%。

3 木梁的挠度增量预警值可采用本标准附录A中C级挠度控制值的5%～10%。

4 当梁处于重点保护部位，或梁的初始应力水平较高，或无法判断梁的初始应力水平时，宜采用上述第1～3款预警值的下限值；当梁处于非重点保护部位，或梁的初始应力水平较低时，可采用上述第1～3款预警值的上限值。

5 安全性控制目标很高或很低时，梁应变和挠度的增量预警值可根据具体情况对上述预警值进行调整。

6.0.3 建筑沉降相关预警值应符合下列规定：

1 使用安全监测和施工安全监测时，沉降增量预警值宜为 10 mm，沉降速率预警值宜为连续 2 月达到 2 mm/月。

2 受周边环境影响的安全监测时，建筑沉降相关预警值宜按表 6.0.3 采用，并应符合下列规定：

1）保护要求高或监测前结构状况较差的历史建筑，宜采用表中预警值的下限值；

2）保护要求低且监测前结构状况较好的历史建筑，可采用表中预警值的上限值；

3）其他的历史建筑可采用表中预警值的中间值。

表 6.0.3 建筑沉降相关预警值

监测项目	沉降增量(mm)	连续 2 d 沉降速率(mm/d)	地下水位变化(mm)	地下水位变化速率(mm/d)	室外地坪裂缝宽度增量(mm)
预警值	20～40	1～3	600～1 000	300～500	5～10

6.0.4 整体倾斜对上部结构构件承载力的影响程度，以及局部不均匀沉降对上部建筑裂缝损伤的影响程度可按照本标准附录 B 的方法进行分析，并可以沉降区段的中点角变形控制建筑的局部不均匀沉降。宜以整体倾斜不引起上部结构构件承载力明显降低、局部不均匀沉降不引起上部建筑明显裂缝损伤为原则确定预警值，相关增量预警值宜按表 6.0.4 采用，并应符合下列规定：

1 使用安全监测和施工安全监测时，宜采用表中增量预警值的下限值。

2 受周边环境影响的安全监测时，应符合下列规定：

1）保护要求高，或监测前结构状况较差，或初始不均匀沉降较明显的历史建筑，宜采用表中增量预警值的下限值；

2）保护要求低，且监测前结构状况较好，或初始不均匀沉降不明显的历史建筑，可采用表中增量预警值的上限值；

3）其他的历史建筑可采用表中增量预警值的中间值；

4）安全性控制目标很高或很低时，可根据具体情况对表 6.0.4 预警值进行调整。

表 6.0.4 建筑不均匀沉降相关增量预警值

监测项目	整体倾斜（‰）	中点角变形（‰）	砌体裂缝宽度（mm）	混凝土构件裂缝宽度（mm）
下限值	1	0.3	刚发现裂缝	0.05
中间值	2	0.5	0.2	0.1
上限值	3	1	1	0.15

6.0.5 当相关性较强的多个监测项目同时超过预警值时应及时发出预警；当仅个别监测项目超过预警值时宜慎重发出预警，并宜在分析监测数据可靠性、监测预警值合理性、近期变化趋势后进行预警决策，包括发出预警、暂缓发出预警、不发出预警等。当采用自动化实时监测方法时，宜采用黄、橙、红三色预警：

1 当仅个别监测项目超过预警值时，可先发出黄色预警，待预警决策后再调整分色预警，或撤销预警。

2 当相关性较强的多个监测项目同时超过预警值时，可根据同时预警的测点数量、超过预警值的程度等发出橙色或红色预警。

7 监测分析与成果

7.1 监测数据处理

7.1.1 监测数据处理应包括数据整理、数据分析和数据校核三个部分。

7.1.2 监测数据整理应符合下列规定：

1 监测数据应按照监测内容、方法、时间、仪器和监测点位等进行分类整理。

2 同类监测数据的单位应统一，并采用国际单位制。

3 针对同类监测设备或同类监测对象的监测数据应统一精度。

4 当监测数据用于预警或监测结果影响评定时，应考虑温度等环境变化对监测结果的影响。

7.1.3 监测数据分析应符合下列规定：

1 应对监测数据的真实性和可靠性进行分析，对涉及结构安全的关键性数据宜实时分析判断，对发生异常的数据应及时分析原因。

2 应分析监测数据的累计变化值、最大变化值、最小变化值、平均值以及变化速率，根据变化速率做出是否稳定的判断。

3 宜结合自然环境、施工工况等因素，对监测数据进行多方面综合分析。

4 宜绘制监测数据分析图表，直观反映其变化规律。

7.1.4 应对监测数据整理和分析的准确性进行校核。监测数据校核应符合下列规定：

1 宜对有相关性的不同参数的监测结果相互校验。

2　应对监测数据缺失或无效情况进行校核，必要时进行补测。

3　应对与理论发展趋势不一致的异常数据进行校核，并分析原因，必要时进行复测。

7.2　安全影响评定

7.2.1　历史建筑安全监测过程中和结束后，宜结合监测前的安全状态和监测结果，分析评定其对历史建筑的影响，并符合下列规定：

1　评定前，除各种监测项目均未超过监测预警值，且未发现其他损坏等情况外，应全面调查复核沉降变形、裂缝损伤等情况，对重点保护部位应重点调查检测，并与监测前进行对比分析。

2　当各种监测项目未明显超过监测预警值，或经判断不影响结构安全，也未发现其他明显损伤或异常情况时，可采用完损等级评定的方式评定监测结果的影响，明确监测前后的完损状况变化程度，并提出处理措施建议。

3　当某些监测项目明显超过监测预警值，或发生其他明显损伤，可能影响结构安全时，应进行整体安全性或局部安全性检测评定。检测评定方法应符合国家和本市的相关标准和管理规定，安全性评定的结论应明确，并提出处理措施建议。

7.2.2　结构安全影响评定应符合下列规定：

1　建筑使用安全、施工安全及受周边环境影响的安全监测时，结构安全影响评定应包括整体、构件与连接节点三个层次，并应考虑施工工况与周边环境影响工况的一致性。

2　宜采用定性判断和计算分析相结合的评定方式。

3　需要评定梁的应变和挠度对构件安全性的影响程度时，可采用本标准附录A的方法，也可采用其他定量或定性分析方法。

4 需要评定建筑不均匀沉降对结构构件的安全性影响时，可采用本标准附录 B 的方法，也可根据实际的沉降变形分布曲线，采用有限元等方法分析整体倾斜和局部不均匀沉降变形对结构的影响。

7.2.3 施工安全监测的结构安全影响评定应按施工工况安全分析结果设定安全控制值，平移和纠偏施工应同时包括相关托换结构监测的安全影响分析和施工工况安全影响分析；施工工况安全影响分析应符合现行行业标准《建(构)筑物移位工程技术规程》JGJ/T 239、《建筑物倾斜纠偏技术规程》JGJ 270 的相关规定。

7.2.4 受周边环境影响的安全监测的结构安全影响评定应根据建筑物的重要程度、保护要求、施工前的损坏状态和安全性等级、抗沉降变形的能力、地下工程的施工方案、建筑物与地下工程的相对位置关系等综合确定周边建筑物的损坏等级控制要求。结构安全影响评定应与基坑工程、地下隧道施工影响分析相符，应对安全影响发展趋势进行分析、提出预测结论，并符合现行上海市工程建设规范《基坑工程技术标准》DG/TJ 08—61、《地铁盾构法隧道施工技术标准》DG/TJ 08—2041、《顶管工程施工规程》DG/TJ 08—2049 等相关规定。

7.2.5 其他监测内容的安全影响评定，宜采用定性分析与定量判断相结合的方式，并宜考虑历史建筑保护类别和重点保护部位情况，综合协调安全与保护要求的关系。

7.2.6 根据安全影响评定的结果、历史建筑保护类别等综合确定安全程度，并按安全程度低、中、高三种情况分别采取处理措施：

1 安全程度低：应启动历史建筑安全性综合检测评定，加大人工监测巡查频率，确保自动监测传感器正常运行，每周提交 1 次监测报告。必要时，应采取临时应急性加固处理措施、暂停施工或周边施工。

2 安全程度中：确保一定人工监测巡查频率，确保关键部位多数自动监测传感器正常运行，每月提交1次监测报告。

3 安全程度高：可适当减少自动检测传感器数据采集频率，每季度提交1次监测报告。

7.3 监测成果

7.3.1 监测成果应包括数据报表和监测报告。

7.3.2 数据报表应包括下列内容：

1 天气情况、建筑使用情况、施工现场工况。

2 监测点位布置情况，监测项目各监测点的本次测值、单次变化值、变化速率及累计值，必要时绘制有关曲线图。

3 巡视检查记录。

4 对监测项目应有正常或异常、危险等判断性结论。

5 对巡视检查发现的异常情况应有详细描述，危险情况应有报警标示，并有分析和建议。

7.3.3 监测报告应包括阶段性报告、警情快报、总结报告。

7.3.4 阶段性报告应包括下列内容：

1 该监测阶段相应的建筑使用情况、施工工况、气象及周边环境概况。

2 该监测阶段历史建筑特色部位的完损状况。

3 该监测阶段的监测项目及测点的布置情况。

4 各项监测数据的整理、统计及监测结果的过程曲线。

5 各监测项目监测值的变化分析、评价及发展预测。

6 相关的建筑正常使用、设计和施工建议。

7.3.5 当监测结果超过报警值或安全风险程度高时，应出具警情快报，警情快报除包括本标准第7.3.2条所列内容外，还应包括报警发生点位、报警时间、报警持续时长、报警原因分析、结论以及针对性的应急响应建议。

7.3.6 总结报告应包括下列内容：

1 工程概况。

2 监测依据。

3 监测项目。

4 监测点布置。

5 监测设备和监测方法。

6 报警值。

7 监测时长和频率。

8 监测内容数据分析结果。

9 安全影响分析结果。

10 监测工作结论与建议。

11 附表、附图。

7.3.7 应确保监测数据报表和监测报告内容完整、数据准确、表达清晰，监测成果应有相关责任人签字和监测机构盖章。

附录A　梁挠度和应变的安全控制值

A.0.1 用于结构构件安全性评定的梁挠度控制值宜根据其安全性控制目标分为A、B、C三个等级，其中A级控制梁的正常使用状态，B级控制梁的承载能力，C级控制梁的延性变形（对钢筋混凝土梁和钢梁）或不发生脆性破坏（对木梁）。梁挠度控制值应根据下列规定确定：

1 钢筋混凝土梁的挠度控制值可根据跨中最大弯矩截面的钢筋拉应变控制值确定。

2 钢梁和木梁的挠度控制值可根据跨中最大弯矩截面边缘拉应变控制值确定。

3 梁的拉应变控制值宜根据不同的安全性控制等级确定。

A.0.2 梁的拉应变控制值可根据安全性控制等级按表A.0.2确定。

表A.0.2　梁的拉应变控制值

安全性控制等级	A级($\mu\varepsilon$)	B级($\mu\varepsilon$)	C级($\mu\varepsilon$)
钢筋混凝土梁的最大弯矩截面钢筋拉应变	750	1 200	4 000
钢梁的最大弯矩截面边缘拉应变	750	1 200	4 000
木梁的最大弯矩截面边缘拉应变	850	1 400	2 000

A.0.3 梁的挠度控制值应根据安全性控制等级按下列规定确定：

1 安全性控制等级为C级时，梁的挠度控制值可按表A.0.3确定。

表 A.0.3 安全性控制等级为 C 级时梁的挠度控制值

梁类型	混凝土梁		钢梁		木梁
	不带板	带板	不带板	带板	
两端简支梁	$\frac{l}{1\,000\,h_0/l}$	$\frac{l}{1\,400\,h_0/l}$	$\frac{l}{1\,250\,h/l}$	$\frac{l}{1\,650\,h/l}$	$\frac{l}{1\,650\,h/l}$
连续梁或框架梁	$\frac{l}{1\,400\,h_0/l}$	$\frac{l}{2\,000\,h_0/l}$	$\frac{l}{1\,800\,h/l}$	$\frac{l}{2\,400\,h/l}$	$\frac{l}{2\,400\,h/l}$

注：1. 表中 l 为梁跨度，h_0 为混凝土梁截面有效高度，h 为钢梁或木梁截面高度。
2. 悬臂梁的挠度控制值可取两端简支梁的控制值的 2 倍。

2 安全性控制等级为 A 级时，钢筋混凝土梁和钢梁的挠度控制值可取表 A.0.3 中数值的 0.18 倍，木梁的挠度控制值可取表 A.0.3 中数值的 0.42 倍。

3 安全性控制等级为 B 级时，钢筋混凝土梁和钢梁的挠度控制值可取表 A.0.3 中数值的 0.3 倍，木梁的挠度控制值可取表 A.0.3 中数值的 0.7 倍。

附录 B　建筑不均匀沉降对结构的影响分析

B.0.1　当建筑存在不均匀沉降时，宜考虑建筑不均匀沉降引起的整体倾斜对结构构件承载力的影响。对于长高比 $L/H>1.5$ 的历史建筑，尚宜分析不均匀沉降中是否含有局部不均匀沉降变形，并可按第 B.0.6 条对局部不均匀沉降变形进行分级控制。

B.0.2　整体倾斜对砌体构件的受压承载力影响系数宜按下式计算：

$$\lambda_m = 1 - 1.72\gamma\beta \quad \text{(B.0.2-1)}$$

$$\beta = \frac{\rho H}{h} \quad \text{(B.0.2-2)}$$

式中：λ_m——建筑倾斜对砌体构件的受压承载力影响系数；

γ——建筑的整体倾斜率；

β——砌体构件的高厚比；

ρ——砌体构件的计算高度系数，按第 B.0.3 条规定；

H——砌体构件所在楼层的层高；

h——砌体墙厚或柱在计算方向的截面高度。

B.0.3　砌体构件的计算高度系数 ρ 宜按下列规定取值：

1　对砌体柱或两边开设门窗洞的墙肢，按两边支承墙取 $\rho=1.0$。

2　对一边开设门洞、另一边受直交方向墙体约束的墙肢，按三边支承墙取：

$$\rho = \frac{1}{\sqrt{1+\left(\frac{H}{2b}\right)^2}} \quad \text{(B.0.3-1)}$$

式中：b——墙肢宽度。

3 对两边均受直交方向墙体约束的墙肢，按四边支承墙取：

$$\rho=\frac{1}{\sqrt{1+\left(\frac{3H}{2s}\right)^{2}}} \tag{B.0.3-2}$$

式中：s——直交方向墙体的间距。

B.0.4 整体倾斜对框架、排架、木构架结构的影响可采用等效侧向荷载法进行分析，并符合下列规定：

1 各层的等效侧向荷载可分别取其楼层重力荷载代表值乘以整体倾斜率。

2 采用等效侧向荷载法进行分析时，可考虑砌体填充墙、现浇梁板协同工作对构件内力和承载能力的影响。

3 宜将等效侧向荷载法计算所得结构构件的附加内力与正常荷载引起的内力进行叠加后，分析结构构件的承载能力是否满足要求。

B.0.5 对于钢筋混凝土框架结构，当不具备按第 B.0.4 条要求对整体结构进行分析的条件时，也可按下列规定确定整体倾斜对框架梁、柱承载力的影响系数：

1 整体倾斜对钢筋混凝土框架柱承载力的影响系数 λ_c 按下式计算：

$$\lambda_c=\exp[k\gamma\rho' H/h] \tag{B.0.5-1}$$

式中：ρ'——框架柱的反弯点高度系数，底层柱取 0.67，上部各层柱取 0.5；

k——计算系数，根据柱的相对受压承载力系数 φ_N(即偏压柱的受压承载力 N_u 与轴压短柱承载力 $N_{u,0}$ 之比值，按图 B.0.5 取值）和弯矩作用方向钢筋对短柱轴压承载力的贡献率 $\xi_s=A_s f_y/N_{u,0}$(A_s 为弯矩作用方向的钢筋截面面积，f_y 为钢筋的屈服强度设计值）按表 B.0.5 取值。

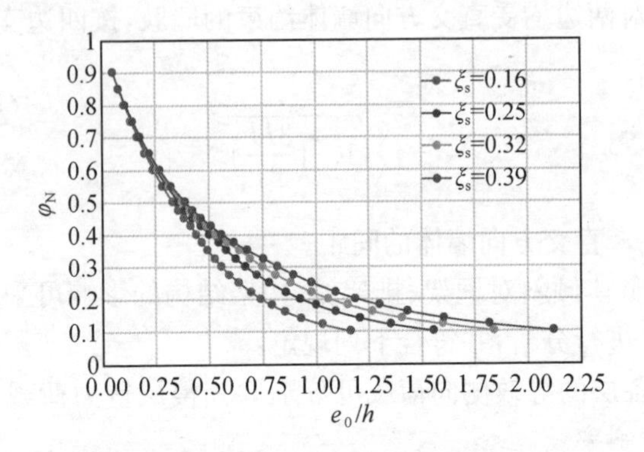

图 B.0.5 相对偏心距 e_0 对柱受压承载力的影响

表 B.0.5 计算系数 k

φ_N	ξ_s			
	0.16	0.25	0.32	0.39
0.90	−2.13	−1.98	−1.91	−1.85
0.80	−2.08	−1.86	−1.76	−1.68
0.70	−2.03	−1.78	−1.66	−1.57
0.65	−1.98	−1.69	−1.56	−1.47
0.60	−1.99	−1.62	−1.48	−1.39
0.55	−2.04	−1.56	−1.40	−1.30
0.50	−2.20	−1.59	−1.33	−1.18
0.45	−2.35	−1.65	−1.32	−1.12
0.40	−2.38	−1.73	−1.38	−1.12
0.35	−2.34	−1.69	−1.40	−1.15
0.30	−2.25	−1.60	−1.31	−1.11
0.25	−2.06	−1.43	−1.16	−0.98
0.20	−1.82	−1.24	−0.98	−0.84
0.15	−1.49	−0.99	−0.80	−0.67

2 整体倾斜对钢筋混凝土框架梁承载力的影响系数 λ_b 可按下式计算：

$$\lambda_b = 1 - 0.46\gamma \frac{N_c}{F_{s,b}} \cdot \frac{H}{h_{0,b}} \tag{B.0.5-2}$$

式中：N_c——框架柱的竖向压力设计值；

$F_{s,b}$——框架梁端截面受拉钢筋拉力；

$h_{0,b}$——框架梁截面的有效高度。

3 采用前款计算得到的整体倾斜对钢筋混凝土框架柱、梁承载力的影响系数，可考虑砌体填充墙、现浇梁板协同工作的有利作用进行调整。

B.0.6 可采用基于上部建筑损坏程度的沉降区段中点角变形控制法对建筑局部不均匀沉降变形进行分级控制，并宜符合下列规定：

1 根据上部建筑砌体承重墙或砌体填充墙的裂缝宽度，将上部建筑的损坏程度分为基本完好、轻微损坏和中等损坏三个等级，其裂缝宽度控制值分为 0.1 mm、1 mm 和 5 mm。

2 进行局部不均匀沉降变形控制时，应沿建筑外立面的一边连续布置多个沉降测点，测点间距不宜超过建筑高度的 1 倍，也不宜超过 10 m；同时应测量沉降区段中点的竖向线倾角，并按下式计算其中点角变形：

$$\beta_M = \frac{\Delta_{AB}}{l_{AB}} - \varphi_M \tag{B.0.6}$$

式中：β_M——沉降区段的中点角变形；

Δ_{AB}——沉降区段端点 A、B 之间的沉降差；

l_{AB}——沉降区段端点 A、B 之间的水平距离；

φ_M——沉降区段的中点 M 位置的竖向线倾角。

3 基本完好、轻微损坏和中等损坏三个损坏等级下的中点角变形控制值宜分别取 0.67‰、1‰和 2‰。

本标准用词说明

1　为了便于在执行本标准条文时区别对待，对要求严格程度不同的用词说明如下：

1）表示很严格，非这样做不可的用词：

正面词采用“必须”；

反面词采用“严禁”。

2）表示严格，在正常情况下均应这样做的用词：

正面词采用“应”；

反面词采用“不应”或“不得”。

3）表示允许稍有选择，在条件许可时首先这样做的用词：

正面词采用“宜”；

反面词采用“不宜”。

4）表示有选择，在一定条件下可以这样做的用词，采用“可”。

2　标准中指明应按其他有关标准执行的写法为：“应符合……的规定”或“应按……执行”。

引用标准名录

1 《建筑消防设施的维护管理》GB 25201
2 《地面气象观测规范　降雨量》GB/T 35228
3 《工程摄影测量规范》GB 50167
4 《建筑与桥梁结构监测技术规范》GB 50982
5 《建筑消防设施检测技术规程》GA 503
6 《建筑变形测量规范》JGJ 8
7 《建(构)筑物移位工程技术规程》JGJ/T 239
8 《建筑红外热像检测要求》JG/T 269
9 《建筑物倾斜纠偏技术规程》JGJ 270
10 《红外热像法检测建筑外墙饰面粘结质量技术规程》JGJ/T 277
11 《基坑工程技术标准》DG/TJ 08—61
12 《房屋质量检测规程》DG/TJ 08—79
13 《优秀历史建筑保护修缮技术规程》DG/TJ 08—108
14 《基坑工程施工监测规程》DG/TJ 08—2001
15 《地铁盾构法隧道施工技术标准》DG/TJ 08—2041
16 《顶管工程施工规程》DG/TJ 08—2049

上海市工程建设规范

历史建筑安全监测技术标准

DG/TJ 08—2387—2021

J 15914—2021

条 文 说 明

2022 上海

目　次

1　总　则 ………………………………………………… 47
2　术　语 ………………………………………………… 48
3　基本规定 ……………………………………………… 49
　3.1　一般规定 …………………………………………… 49
　3.2　监测工作程序 ……………………………………… 51
　3.3　监测系统及设备 …………………………………… 52
　3.4　测点布置与监测频次 ……………………………… 53
4　监测内容 ……………………………………………… 54
　4.1　使用安全监测 ……………………………………… 54
　4.2　施工安全监测 ……………………………………… 55
　4.3　受周边环境影响的安全监测 ……………………… 55
5　监测方法与要求 ……………………………………… 58
　5.1　一般规定 …………………………………………… 58
　5.2　整体变形监测 ……………………………………… 58
　5.3　应变、挠度与裂缝监测 …………………………… 60
　5.4　振动监测 …………………………………………… 62
　5.5　消防监测 …………………………………………… 62
　5.7　其他监测 …………………………………………… 62
6　监测预警 ……………………………………………… 64
7　监测分析与成果 ……………………………………… 69
　7.1　监测数据处理 ……………………………………… 69
　7.2　安全影响评定 ……………………………………… 70

7.3　监测成果 …………………………………………… 71
附录 A　梁挠度和应变的安全控制值 …………………… 73
附录 B　建筑不均匀沉降对结构的影响分析 ………… 77

Contents

1 General provisions ········· 47
2 Terms ········· 48
3 Basic requirements ········· 49
3.1 General requirements ········· 49
3.2 Monitoring procedures ········· 51
3.3 Monitoring system and equipment ········· 52
3.4 Arrangement of measuring points and monitoring frequency ········· 53
4 Content of monitoring ········· 54
4.1 Service safety monitoring ········· 54
4.2 Construction safety monitoring ········· 55
4.3 Surrounding environmental impact monitoring ········· 55
5 Monitoring methods and requirements ········· 58
5.1 General requirements ········· 58
5.2 Overall deformation monitoring ········· 58
5.3 Strain, deflection and crack monitoring ········· 60
5.4 Vibration monitoring ········· 62
5.5 Fire protection monitoring ········· 62
5.7 Other items monitoring ········· 62
6 Monitoring warning ········· 64
7 Monitoring analysis and results ········· 69
7.1 Monitoring data processing ········· 69

7.2 Safety impact analysis ······························ 70
7.3 Monitoring results ······························ 71
Appendix A Safety control values of deflection and strain for beam ······························ 73
Appendix B Influence analysis of non-uniform settlement on structure ······························ 77

1 总 则

1.0.1 近年来，历史建筑的保护需求和安全性越来越受到管理部门以及相关单位的重视。一方面，由于历史建筑建设年代久远、使用历程复杂、建筑材料性能退化，其安全性和整体稳定性需要密切关注；另一方面，随着城市建设及基础设施大力发展，邻近工程施工影响也给周边历史建筑造成影响。历史建筑大多有保留保护的需求，更需要对其进行安全监测，做到合理预警并防患于未然。为达到有效监测的目的，满足当前历史建筑安全监测工程应用的需要，编制本标准。

1.0.2 本条规定了本标准的适用范围。《上海市城市总体规划(2017—2035 年)》中指出，要根据分级分类的原则，依法严格保护各级文物与历史建筑，并将历史建筑划分为优秀历史建筑、保留历史建筑和一般历史建筑。本市的国家文物保护单位和上海市文物保护单位中的多数近现代文物建筑同时也是上海市优秀历史建筑，其建造年代及结构形式等与历史建筑较为相似。因此，此类近现代文物建筑在技术条件相同时，也适用本标准。

2 术 语

2.0.1 本标准的历史建筑主要指近现代历史建筑。《上海市城市总体规划(2017—2035 年)》中将历史建筑划分为优秀历史建筑、保留历史建筑和一般历史建筑,并指出:保留历史建筑不得整体拆除,应当予以维修和再利用,并适时纳入优秀历史建筑名录;风貌一般但对于保护地区整体风貌格局和特征有重要作用的一般历史建筑,应保尽保,不得擅自拆除。

2.0.9 实际工程中也经常用相邻两次监测的时间间隔对监测频次进行表述。

3 基本规定

3.1 一般规定

3.1.1 历史建筑安全监测的目的主要根据其日常使用、修缮改造施工、周边影响等不同需求来确定。

上海市房屋管理局为加强本市优秀历史建筑保护管理措施，提高优秀历史建筑违法行为的发现及处置效率，于 2020 年 9 月发布了《关于本市安装优秀历史建筑智能监测设备工作的通知》，主要监测内容包括优秀历史建筑的振动、倾斜、位移等。上海市历史建筑保护事务中心于 2021 年 3 月印发了《上海市城市网格化综合管理系统优秀历史建筑保护应用智能监测设备技术要求指导意见》。对于优秀历史建筑，本标准中提到的监测目的和具体监测技术手段也可以与上述智能监测的工作相结合。

3.1.2 安全监测前进行房屋质量综合检测或完损状况检测，主要是为了了解历史建筑的现有状态，并为后续制定安全监测方案、进行安全监测和影响评价提供依据。近现代文物建筑的勘察尚应符合现行行业标准《近现代历史建筑结构安全性评估导则》WW/T 0048 的有关规定。

3.1.3 本条规定了历史建筑应进行使用安全监测的具体情况。从当前情况看，有三大类情况下的历史建筑很有必要进行使用安全监测。

第一类：历史建筑由于其保护特点，一些特殊情况下不能对其变形、损伤和安全隐患及时有效处理时，应进行建筑使用安全监测，具体包括本条第 1～3 款三种情况。设备老化及存在消防安全隐患等的情况也属于本条第 2 款的情况。本条第 3 款指历史建筑使用过程中已经发生或即将发生使用功能、使用荷载、结构体系等变化的情况。

第二类:虽经检查或鉴定,但由于各种条件限制,难以对结构构件的安全状态及其变化趋势进行准确分析判断时,如重要构件承受较明显的荷载增量,但无法对其承载力进行计算分析,材料耐久性退化速率难以准确判断等。该情况属于本条第 4 款的情况。

第三类:建筑遭受严重灾害或事故后,在加固修复前往往需要进行安全监测。该情况属于本条第 5 款的情况。

对于使用年限特别长,如服役超过 100 年的历史建筑,其耐久性问题一般比较突出,宜进行使用安全监测。同时,对于特别重要的历史建筑也宜进行使用安全监测。其中一类是建筑自身保护类别很高,如优秀历史建筑和文物建筑中保护类别为Ⅰ类的建筑;另一类是人流密集,一旦发生安全事件后引起人员伤亡的风险很大的历史建筑。此外,当前对优秀历史保护建筑违法扩建、改建、搭建现象的管理方式主要是事后管理,以处罚整改为主。因此,对重要历史保护建筑和文物建筑进行安全监测也是未来历史建筑保护的需求与发展趋势。以上情况均属于本条第 6 款的情况。

3.1.4 在当前大规模的城市改造中,为更加有效地保护历史建筑,减少建筑物拆除重建所造成的资源浪费,建筑物整体平移逐步成为趋势。历史建筑由于其连接构造较薄弱,整体性要求高,在其平移与纠偏过程中均应进行施工安全监测。

3.1.5 紧邻施工区域范围、周边有振动源影响、人流密度增加、生物及有害物质产生、汽车流量或载重增加、周边存在堆载或使用荷载增加、局部地质条件改变、地铁隧道长期运营影响等周边环境发生显著变化时均应进行受周边环境影响的安全监测。

3.1.6 监测过程中应进行巡视检查,仪器监测与巡视检查二者互为补充、相互验证。定期进行系统检查和维护,可以确保监测系统能按照监测设计方案开展正常工作。监测设备的安装宜采用粘贴标志等可逆的方式，不宜设在历史建筑的重要部位，且不宜影响历史建筑特征和美观，不应破坏重点保护部位。

3.2 监测工作程序

3.2.3 当按本标准第 3.1.2 条在历史建筑安全监测前进行房屋质量综合检测或完损状况检测时，所做检测工作会比本条的要求更深、更具体、更全面。如果已经按照本标准第 3.1.2 条进行了检测工作，经监测单位对检测结果进行复核后，可作为后续监测方案设计的依据；否则，应按照本条的要求进行现状勘查。现状勘查时，应对历史建筑在使用过程中发生的改建情况等予以特别关注并详细勘查。

在制定监测方案前，应根据房屋质量综合检测、完损状况检测或现状勘查情况，对被监测对象作总体安全评价，找出存在的关键问题，明确薄弱环节，确定重点监测内容。

3.2.4 实施监测前应根据相关方要求，考虑历史建筑特点，明确监测目的与要求；监测方案的制定应考虑监测目的、建筑结构特点、监测要求、现场及周边环境条件等选择监测项目和合适的监测方法，并根据监测项目和方法、监测频次选择合适的监测设备，并对不同监测项目提出具体实施措施及相应预警值。还应考虑监测实施过程中相关的质量保障措施和安全保障措施等。

3.2.5 监测实施过程中如有监测指标超过预警值，在监测报警前，应对数据真实性和可信性进行判定。

3.2.6 监测预警值应考虑历史建筑特点，结合长期数据观测及经验数据积累，对其结构安全、消防安全、环境安全等不同要求，提出相应的限值要求和不同的预警值。

3.2.7 监测数据的处理与安全影响评定按照本标准第 6 章所列方法执行。关键监测项目指的是影响历史建筑结构安全的主要监测参数。

3.2.8 监测报告及监测原始数据一般应按照相关要求归档保存。

3.3 监测系统及设备

3.3.1 监测系统宜具有数据热备份的功能。数据库热备份是指创建、维护和监控一个或多个主数据库的备用数据库，以保护数据结构不受故障、灾难、错误和崩溃的影响。当监测数据库由于计划中断或意外中断而变得不可用时，数据库热备份可以将任意备用数据库切换到生产角色，从而使与中断相关的停机时间减到最少，并防止任何数据丢失。

3.3.2 不同的监测项目和监测方法对监测设备的要求不同，监测设备选型应综合考虑监测对象、监测项目和监测方法的要求。监测设备的稳定性和耐久性应与监测期相适应，兼容性一般要求监测系统中所有设备的接口使用标准接口。

5 现行国家标准《建筑与桥梁结构监测技术规范》GB 50982 中规定了信号电缆、监测设备与大功率无线电发射源、高压输电线和微波无线电信号传输通道的距离要求，并规定了监测接收设备附近不宜有强烈反射信号的大面积水域、大型建筑、金属网及无线电干扰。对采用卫星定位系统测量的，视线内障碍物高度角不宜超过15°。

3.3.3 监测设备安装位置应根据监测内容合理选取。结构振动、倾斜、裂缝、沉降等传感器应安装在主体结构构件上，不应安装在附属设施或临时固定装置上。

3.3.5 保护措施是指根据现场情况采取的对各类监测设备、设施的防风、防雨雪、防雷、防尘、防干扰及防盗等的措施，保护措施的采取是为了确保监测系统可以正常运行并保证其耐久性。

3.4 测点布置与监测频次

3.4.1 本条对监测点位置和数量要求做出了规定。

1 监测点测得的数据应对实际结构的静、动力参数或环境条件变化较为敏感;振动监测数据应能充分并准确地反映结构的动力特性。

3 监测点布置时,应考虑到后期能通过合理添加传感器对敏感区域进行数据重点采集。

3.4.2 本条对监测频次作出了规定。

1 一般的监测工程在初期开始时,会有个稳定期并且温度对监测数据的稳定性影响较大。因此,应在温度较稳定时,连续进行多次独立量测。

2 监测频次的选择应以能系统反映监测对象的动态变化,而又不遗漏其变化时刻为原则。

3 外部环境变化恶劣、监测指标超过报警值等情况时,有可能引起安全事故,应予以特别重视。因此,应加强监测、提高监测频次。

4 如正在进行施工或周边邻近工程施工的,可根据实际情况采取暂停施工、调整施工工序或进度等措施。

4 监测内容

4.1 使用安全监测

4.1.1 使用安全监测是指历史建筑使用期间对其自身的安全监测工作，使用安全监测的目的主要是确保历史建筑使用过程中的安全性。当意外或灾害发生时，可以及时预警；当意外或灾害发生后，监测数据可为历史建筑安全评估提供数据依据。

4.1.2 结构安全监测主要是针对地基基础、上部承重结构以及围护结构的安全监测。

历史建筑由于使用荷载的增加，会产生强度、刚度不足的问题。振动响应一旦引起结构共振也会造成很不利的影响；此外，部分历史建筑的违规拆改也会引起结构局部振动异常。因此，在结构安全监测中应根据具体要求对这两类监测项目也予以考虑。表 4.1.2 中的模态包括位移模态、应变模态等。

4.1.3 消防通道的畅通性直接影响消防监测报警后的应急处置，故在消防监测中应根据具体要求对其予以考虑。

4.1.4 环境监测主要是对可能影响历史建筑安全的周边气象环境、环境污染及其他环境威胁等因素进行的监测工作。历史建筑的使用环境对其耐久性的影响十分显著，尤其是一些木构件、砌体墙等受环境影响较大。因此，环境监测项目中的风、降水、温度及湿度等都应予以考虑。

4.1.5 虫害是直接影响历史建筑木构件耐久性和安全性的主要因素；历史建筑由于使用时间长，耐久性问题十分突出；装饰部件、外立面及附属物等在长时间使用后也有老化脱落的风险。因此，对这三类历史建筑较易出现的问题在此处单独列出，应在安全监测中予以关注。此外，有关破坏历史建筑风貌或违章搭建、人为拆改等的行为，也可以结合使用荷载监测以及装饰部件的监测采用相关手段进行。

4.2 施工安全监测

4.2.1 历史建筑施工主要有修缮改造施工、移位施工和纠偏施工三大类。其中，修缮改造施工包括结构构件与非结构构件的拆除、加固和新增以及特殊装修等情况；移位施工是出于保护需要对建筑物以整体的形式迁移到不同的位置的施工方式，包括顶升及平移等；纠偏施工则是当建(构)筑物发生倾斜或不均匀沉降时，通过一定技术手段使建(构)筑物恢复到倾斜前状况的施工方式。

4.2.2 在历史建筑的修缮改造施工过程中，应对施工过程中内力变化较大承重构件的变形和应变进行重点监测，涉及的构件主要包括待加固的承重构件、与待拆除构件相邻的承重构件、后装延迟构件和有临时支撑的构件、施工荷载较大的承重构件及相邻构件等。此外，作为加固后构件的相邻传力或支撑构件，因为加固后恒载增加，也应当予以考虑。

4.2.3 历史建筑移位是一个系统工程，需要在各方面、多环节统筹兼顾，才能保证历史建筑及周边建筑物的安全可靠。在移位过程中要做到实时监测，用监测数据指导施工，做到信息化施工。

4.2.4 历史建筑的纠偏方法一般可分为迫降法和顶升法两种方法。对于迫降法纠偏，需要在施工中进行跟踪监测；对于顶升法纠偏，需要在顶升施工时进行实时监测。两种方法纠偏均要做到信息化施工。

4.3 受周边环境影响的安全监测

4.3.2 本条对基坑施工、沉桩施工、盾构施工、顶管施工时的历史建筑监测范围进行规定，主要参考上海市已有工程经验和相关标准。

1 参考《关于减少城市基础设施项目施工对周边环境影响的试行规定》（沪建交联〔2008〕511号）第四节第（二）条。

2 参考上海市工程建设规范《地基基础设计标准》DGJ 08—11—2018 第16.7.1条第5款规定，并考虑历史建筑年代久远、有保护价值，将监测范围由1.5倍桩入土深度范围扩大至2倍桩入土深度范围。

3 参考上海市工程建设规范《城市轨道交通工程施工监测技术规范》DG/TJ 08—2224—2017 第3.2.3条的影响范围，并保证了监测范围的衔接。

4 根据《上海市历史风貌区和优秀历史建筑保护条例》，市规划资源管理部门应当会同市房屋管理部门提出优秀历史建筑的保护范围和周边建设控制范围，经征求有关专家和所在区人民政府的意见后，报市人民政府批准。

4.3.4 历史建筑周边存在交通、施工、爆破、动力设备等工业振源且振感明显时，受影响的概率较大，应开展振源典型作用工况下的历史建筑振动响应监测。

1 现行国家标准《建筑工程容许振动标准》GB 50868 中规定了“对振动敏感、具有保护价值”的建筑周边有基础施工时，对建筑结构影响在时域范围内的容许振动值。当振动响应监测结果不超过容许振动值时，后续可不再进行持续监测；若振动响应超过容许振动值，且短期内无法采取措施消除影响时，应进行持续监测，为全面准确评价振动影响、采取整改措施提供依据。

2 本标准鉴于历史建筑保护要求的特殊性，对自身状况较差的历史建筑，即使振动响应未超过现行国家标准《建筑工程容许振动标准》GB 50868 的规定振动限值，也宜进行振动响应监测，以考虑其累积损伤的影响。

3 考虑后续振动影响治理的需求，在条件允许时，宜进行振源监测并分析其与历史建筑振动响应的相关性。

4.3.5 本条规定了振动影响下历史建筑的监测内容。

1 参考国家标准《建筑工程容许振动标准》GB 50868—2013 第 7.1.1 条和第 7.1.2 条。

2 参考国家标准《建筑工程容许振动标准》GB 50868—2013 第 8.0.1 条和第 8.0.2 条，同时考虑工业规模的不断扩大，工业动力设备的影响不可忽视，增加了工业动力设备振源影响下的监测要求。

3 参考国家标准《爆破安全规程》GB 6722—2014 第 13.2.2 条和第 13.2.3 条。

5 监测方法与要求

5.1 一般规定

5.1.1 考虑不同监测目的中有相似的监测项目和监测内容，其监测方法是相同的。本章归纳了第4章中使用安全监测、施工安全监测及受周边环境影响的安全监测中的主要监测项目并进行了分类，包括整体变形监测，应变、挠度与裂缝监测，振动监测，消防监测，环境监测，其他监测等，其相应的监测方法与要求应符合本章规定；其他未包含的监测内容和要求可参考相关标准执行。

5.1.2 随着信息技术的不断发展，监测技术逐步实现了信息化、自动化、智能化，本条鼓励在合理性价比的前提下，采用先进的监测方法和监测设备。

传感器结露生成冷凝水会对传感器的敏感元件造成损害，使其不能正常工作或者直接报废。

5.2 整体变形监测

5.2.1 倾斜传感器的温度漂移对监测精度影响较大，故宜优先选择受温度影响小或具有温度补偿功能的倾斜传感器，且各倾斜传感器宜独立标定。

建筑的倾斜可通过位移进行推算，倾斜与位移进行同步监测有利于监测值的相互校准。

5.2.2 竖向位移的监测包括沉降量和沉降差等，静力水准测量通常用于捕捉各监测点的差异沉降，如需获取绝对沉降量，需在监测点附近布设稳定的基准点，并将基准点与监测点连通，现场往往较难实现。一般，可定期通过水准测量方法获取静力水准系统中的部分监测点的绝对沉降；如果对绝对沉降的测量精度要求不高，也可采用卫星导航定位测量的方式。需了解历史建筑群或历史建筑周边场地的沉降变形时，也可采用InSAR技术。

历史建筑的变形测量精度要求主要参考行业标准《建筑变形测量规范》JGJ 8—2016的相关规定，该规范将历史建筑的变形测量等级要求划分为一等。对于一等变形测量等级，其沉降监测点测站高差中误差不应高于0.15 mm。此外，目前常规厂家生产的静力水准仪的标称精度大多在0.1 mm或满量程的1‰，可以符合历史建筑的监测精度要求。

5.2.3 目前，卫星导航定位测量（GNSS测量）的静态测量的水平精度可达±3 mm+0.5 ppm，高程精度可达±5 mm+0.5 ppm；RTK动态测量的水平精度可达±10 mm+1 ppm，高程精度可达±20 mm+1 ppm。

建筑变形监测多采用单点测量方式，由于测点的数量有限，有时难以反映建筑变形的细节和全貌特征，而采用三维激光扫描、近景摄影测量、InSAR等技术可以将建筑变形的特征信息全面地进行采集，具有非接触、快速、直观、全面的特点。

三维激光扫描能够快速获取建筑物的三维点云数据，相对于GPS、全站仪等单点式的监测模式，具有测量范围广、数据全面、工作效率高的优势。该技术已广泛应用于历史建筑测绘中，在变形监测方面也具有良好的应用前景。

近景摄影测量技术采用高性能数码相机获取影像数据，该方法具有非接触、设备简单、对环境要求低、信息丰富、自动化程度高、精度高等优点，可用于建筑的三维变形和裂缝监测。

InSAR(interferometric synthetic aperture radar)技术全称合成孔径雷达干涉测量技术，发展有D-InSAR、PS-InSAR、SBAS-

InSAR、CR-InSAR 等多种算法，具有非接触、全天时全天候不受云雨雾影响、精度高、空间分辨率高、覆盖范围广等特点。InSAR 技术的应用可根据终端平台划分为星载 SAR、机载 SAR 和地基 SAR，其中星载 SAR 的载体为卫星或航天飞机，单景影像可覆盖几百千米，主要用于国防、地球测绘、城市沉降监测等领域，具有监测范围广的优势；机载 SAR 的载体为飞机或小型无人机，主要用于国防、遥感成像测图、地形测绘等领域；地基 SAR (GBSAR)的载体为地面、建筑物或车，监测精度可达亚毫米级，目前在边坡、大坝、矿区的变形监测方面应用较多，在建筑变形监测方面具有一定的应用前景。

5.3 应变、挠度与裂缝监测

5.3.1 常用的应变传感器包括振弦式应变传感器、光纤光栅式应变传感器和电阻式应变传感器。振弦式应变传感器时间漂移小、安装方便；但动态响应差，适宜长期静态监测。光纤光栅应变传感器时间漂移小、动态响应好、抗电磁干扰能力强，适宜长期动态监测和强电磁干扰环境下的监测。电阻式应变传感器灵敏度高、动态响应好，但时间漂移大、绝缘要求高、抗电磁干扰能力差，仅适宜短期监测，并应使用树脂基、金属基应变片，不应采用纸基应变片。采用电阻式应变传感器时，应做好防潮、防水及温度补偿等措施。

采用粘接或锚固方式安装的传感器在胶体硬化的过程中会产生传感器监测值的变化，由于该部分变化量不属于结构构件的真实应变，故应在胶体完全硬化后再测定初始值。

在光纤应变传感器领域，当前还有 FBG（Fiber Bragg Grating，光纤布拉格光栅）、BOTDA（Brillouin Optical Time Domain Analysis，布里渊光时域分析）等较先进的应变分布测量技术。随着技术的进步，也可以逐渐引入到建筑安全监测领域。

5.3.2 挠度的人工测量方法包括百分表测量法、悬垂法、水准测量法、全站仪测量法等，其中水准测量法可用于水平构件的挠度监测，全站仪测量法可用于水平构件和竖向构件的挠度监测。挠度监测点较多且较集中，需要全面了解构件的变形特征时，也可采用三维激光扫描的方法。

自动化测量方法包括静力水准法、位移传感器法、倾角仪测量法、三维激光扫描测量法、CCD 光电成像法、分布式应变测量法、加速度法等，其中静力水准法、位移传感器法、倾角仪测量法的应用较广泛。采用静力水准仪进行挠度监测需首先在构件端部和跨内分别布置监测点，然后采用通液管将各监测点相互连通，最终通过传感器液位的变化获取构件跨内相对于端部的竖向高程的变化。该方法精度较高，比较适合水平构件的挠度监测。位移传感器法是利用位移传感器获取监测点和固定参考点之间的相对位移。该方法精度较高，可用于水平构件和竖向构件的挠度监测；但因为需将监测点和固定参考点连接起来，使用时可能面临困难，或影响建筑使用和美观。倾角仪法是通过倾角仪监测多个点的倾角变化，并利用倾角-位移关系换算得到构件的挠度变形，该方法对数据处理的要求高。三维激光扫描测量法和 CCD 光电成像法监测成本较高。分布式应变测量法、加速度法的监测原理是通过监测构件的应变或加速度换算得到构件挠度。

5.3.3 已发生开裂的结构，应选取典型的结构性裂缝进行监测。尚未发生开裂的结构，宜通过受力分析预判可能出现裂缝的位置，定期进行巡视，必要时监测结构关键部位的应变变化。

随着数字图像处理和计算机视觉技术的发展，基于影像的裂缝检测技术也得到快速发展。在作业条件受限或裂缝量多面广不便于人工量测以及传感器的安装受限时，可利用摄影测量技术进行裂缝监测。

5.4 振动监测

5.4.1 结构动力特性测试主要用于掌握结构动力特性(包括振型、频率、阻尼比等)及初始状态,通过对比分析历史建筑固有频率和外部振源频率,分析外部振源作用过程中历史建筑结构发生共振的可能性。

5.5 消防监测

5.5.2 通过安装电压、电流、温度传感器等监测设备,可实时在线监测配电柜、二级箱柜、末端配电箱等各关键节点的剩余电压、电流及温度(导线温度及环境温度)等数据,及时掌握电气线路运行状况,发现并预防电气线路动态运行中出现的安全隐患,及时提醒安保人员。

5.7 其他监测

5.7.2 随着无人机遥感、三维激光扫描等技术的发展,这些新方法也正在逐步引入外墙损伤检测中。

5.7.4 结构构件的材料性能检测,对砌体构件宜采用无损技术进行材料强度检测,并评估其风化、粉化及截面损失程度,必要时可采用微破损检测。木构件可采用阻力仪、应力波、皮罗钉等无损或微损检测方法,确定材料强度或内部缺陷。混凝土构件可采用一般混凝土结构的各类无损检测方法,确定材料强度及碳化深度等。钢构件可采用磁粉探伤等无损方法确定表面涂层缺陷以及锈蚀程度等。

5.7.5 当历史建筑周边涉及基坑工程开挖活动或降水活动时,应进行坑外水位监测;地下水位监测宜采用钻孔内设置水位管的方法测试，采用水位计等进行量测；地下水位量测精度不宜低于±10 mm；水位观测孔宜在工程开始降水前1周埋设，连续观测数日后取其相对稳定的观测值作为初始值。深层水平位移旨在测量土体变形的变形量和变形速率，通过预埋一根能随土体或桩体协调变形的测斜管，采用测斜仪进行观测。

6 监测预警

6.0.1 监测预警是体现历史建筑安全监测价值的主要方面，但历史建筑安全监测中得到的数据一般为监测项目的增量而不是全量，确定其预警值难度较大。首先，应根据历史建筑的保护要求和安全性控制目标确定监测项目全量的安全控制值。本标准第6.0.2～第6.0.4条对梁挠度、应变以及建筑沉降、不均匀沉降相关的安全控制值在专题研究的基础上做出了专门规定，其他监测项目的安全控制值可参考采用相关设计、鉴定标准的安全性相关限值，正常使用性相关的限值可作为参考。然后，再确定监测项目增量的预警值。某监测项目的增量预警值可认为是其全量控制值与监测前的初始值的差值，初始值可通过现场检测或计算分析确定，同时，宜结合监测期间的变化预估值来确定合适的预警值。由于历史建筑检测、监测、计算分析以及安全控制值的确定均具有不确定性，故监测前确定的预警值也具有较大的不确定性，在监测过程中宜根据实际情况予以调整。

6.0.2 梁的应变是体现其受力状态的一个微观参数，而其挠度变形也可间接反映其受力状态。因此，应变和挠度是结构监测中的主要参数。结构设计标准中的梁挠度控制是为了保证建筑的正常使用功能，而既有结构安全性评定中的挠度限值尚有控制结构构件安全性的目的。安全监测中的结构构件，既可能处于正常使用状态，也可能越过正常使用极限状态，甚至接近承载能力极限状态。本标准主编单位上海市建筑科学研究院有限公司建立了一套基于应变的梁挠度变形控制方法：根据梁从正常使用到破坏的全过程中的不同阶段安全性控制目标确定最大弯矩截面的应变控制值，并在建立梁挠度与最大弯矩截面应变的换算关系式的基础上，确定梁挠度的分级控制值，详见本标准附录A。

1 本款的梁最大弯曲拉应变，对钢筋混凝土梁为梁最大弯矩截面受拉钢筋拉应变，对钢梁与木梁为梁最大弯矩截面受拉侧最外边缘拉应变。

1～3 从本标准附录A的分析结果来看，钢筋混凝土梁（及钢梁）和木梁的应变、挠度的A级控制值分别是C级控制值的18%和42%，即从正常使用阶段发展到接近破坏阶段，钢筋混凝土梁（及钢梁）和木梁的应变、挠度控制值分别有5.3倍和2.3倍的差距，不同安全性控制目标下的梁应变、挠度控制值差距很大。但是，正常使用中的历史建筑的环境及荷载一般处于较稳定的状态，监测得到的应变、挠度增量不会很大；在正常施工控制条件下，修缮改造施工中及周边环境影响下的历史建筑，监测得到的应变、挠度增量也应得到有效控制。因此，应变、挠度增量的预警值不宜设定得很大，建议梁最大弯曲拉应变的增量预警值设定在100 $\mu\varepsilon$～200 $\mu\varepsilon$之间，如初始应变为0，则在这样的应变增量下混凝土梁一般不会出现裂缝。本条的增量预警值与各级安全控制值之比见表1，增量预警值是B级安全控制值的7%～17%，是C级安全控制值的3%～10%。可见，本条设定的增量预警值是安全可控的。

表1 增量预警值与各级安全控制值之比(%)

分类	钢筋混凝土梁及钢梁			木梁		
	A级	B级	C级	A级	B级	C级
下限值	13	8	3	12	7	5
上限值	27	17	5	24	14	10

4 重点保护部位和非重点保护部位的梁，宜分别选用预警值的下、上限值。当抗力与荷载效应之比大于1.3时，可认为梁

处于较低应力状态;当抗力与荷载效应之比小于 1.0 时,可认为梁处于较高应力状态。这两种情况下,宜分别选用预警值的上、下限值。当抗力与荷载效应之比处于二者之间时,可选用预警值上、下限值的中间值。

本条规定的挠度预警值仅限于正常使用荷载作用下,温度、沉降等引起的挠度变化值需另行分析确定。对于跨度较大的构件,跨中挠度的增加虽然不一定会直接影响结构安全,但会影响正常使用;设定相关报警值时应考虑正常使用要求,对本条建议的预警值进行调整。此外,本条给出的是挠度的增量预警值,尚应在有条件的情况下,尽可能测得构件的挠度绝对值,并按照本标准附录 A.0.3 条的相关规定,对其挠度绝对值根据不同的安全性控制目标设定相关预警值。

6.0.3 本条参考相关标准和上海地区的工程经验确定。表 2 列出了国家及上海市有关标准和上海地区有关工作指导意见中沉降相关的报警值。地下水位变化是引起周边房屋沉降变形的一个重要因素,应予以监测和控制。对于沉降和地下水位变化,宜对累计增量和变化速率同时予以控制。

以往出于保护要求和宁可偏于保守、提早报警的角度考虑,对历史建筑的沉降和倾斜报警值分别设定为 20 mm～25 mm 和 1‰。由于上海处于软土地区,且中心城区的建筑密度很高,较多周边工程离历史建筑很近,大量工程周边的历史建筑沉降和倾斜超过该报警值,有的甚至超过数倍,但并未引起历史建筑明显损坏,故对保护要求不高、结构现状及整体性较好的历史建筑,具有适当放宽沉降和倾斜预警值的条件。但由于历史建筑的保护要求,宜对地下水位变化、砖墙及室外地坪裂缝宽度从严控制。

表 2　相关标准和工作指导意见中的沉降相关报警值

标准或工作指导意见	沉降增量(mm)	连续 2 天沉降速率(mm/d)	整体倾斜率增量(‰)	地下水位变化(mm)	地下水位变化速率(mm/d)	砖墙裂缝宽度增量(mm)	地坪裂缝宽度增量(mm)
《基坑工程施工监测规程》DG/TJ 08—2001—2016	10～40	1～3	1	1 000	300	/	/
《建筑基坑工程监测技术标准》GB 50497—2019	小于建筑物地基变形允许值	2～3	2	1 000～2 000(常年变幅以外)	500	1.5～3(既有裂缝) 0.2～0.25(新增裂缝)	10～15(既有裂缝) 1～3(新增裂缝)
上海市房屋检测中心《外滩通道工程相邻历史建筑检测与监测工作指导意见》	20～25	2～3	1	/	/	/	/
上海市房屋检测中心《关于城市基础设施施工影响周边房屋检测工作指导意见》	20～40	2～3	1	/	/	0.5～1.5	/

相关预警值均有一个区间，宜根据历史建筑的保护要求和监测前结构状况进行选用。历史建筑和近现代文物建筑多有法定的保护类别的要求，可认为保护类别最高等级的历史建筑的保护要求高，保护类别最低等级的历史建筑的保护要求低，其他等级的历史建筑的保护要求处于二者之间。监测前的结构状况需要通过现场调查和安全性检测进行评定，损坏较轻微、安全性满足要求且结构整体性较好的历史建筑，可认为其结构状况较好，可选用上限预警值；损坏较严重、安全性有较明显不足，或结构整体性较差的历史建筑，可认为其结构状况较差，宜选用下限预警值。

6.0.4　建筑的整体倾斜对上部结构引起的整体刚体转动，会引起构件承载力降低（见本标准附录 B 分析），但当倾斜率不太大时不易使上部结构产生裂缝等损伤。建筑倾斜中除了整体倾斜外，还很可能有局部不均匀沉降。倾斜是建筑沉降的一阶变形成分，而本标准中的局部不均匀沉降指建筑沉降的二阶变形成分。

建筑局部沉降变形的控制要解决如何定义控制参数、如何测量该参数、如何设定该参数的限值三个问题。本标准主编单位上海市建筑科学研究院有限公司通过研究，基本解决了这个问题，提出了以中点角变形控制局部不均匀沉降引起的上部建筑裂缝损伤程度的方法，见本标准附录B的B.0.4条。相关研究成果可参考下列文献：①蒋利学，王卓琳.建筑物相对沉降的构成与控制参数分析[J].结构工程师，2016，32(6)：35-42.②蒋利学，朱雷，王卓琳.建筑沉降的相对倾角及其限值的理论分析[J].结构工程师，2016，32(5)：42-50.③王卓琳，蒋利学.砌体结构沉降角变形限值的试验研究[J].结构工程师，2017，33(1)：114-123.

按本标准附录B的分析结论，当砖墙平面外倾斜率为3‰时，其受压承载力影响系数在0.92～0.98，整体倾斜对框架梁、柱承载力的影响系数大致与砖墙相当，即当整体倾斜率控制在3‰时，尚不至于引起上部结构构件承载力明显降低；当沉降区段的中点角变形控制在0.5‰和1‰以内时，上部墙体的裂缝宽度一般能分别控制在0.1 mm和1 mm之内，即不会引起上部建筑明显裂缝损伤。

选用相关预警值时，除与保护要求和监测前的结构状况相关外，尚与监测前的初始不均匀沉降有关。整体倾斜率不超过5‰，且不存在较明显的局部不均匀沉降(或不存在明显沉降裂缝)时，可认为初始不均匀沉降不明显；整体倾斜率超过10‰，或整体倾斜率超过7‰且存在较明显的局部不均匀沉降(或存在较明显的沉降裂缝)时，可认为初始不均匀沉降较明显。

6.0.5 监测单位在预警前，首先应排除因自身监测工作失误造成的数据异常，以免发生误报。对严重威胁历史建筑安全的情况，如结构出现危害安全的变形裂缝、周边地面出现严重突发裂缝、地面下陷等，必须立即发出预警，以便及时采取措施。

7　监测分析与成果

7.1　监测数据处理

7.1.2　历史建筑监测一般较多使用各类不同传感器，直接测量所得数据种类繁多、格式不统一，需进行二次加工、分类整理。为了便于分析，相同类型监测数据的单位需要统一，相同类型监测设备的精度应该统一，相同监测对象的不同监测数据也应统一精度。

7.1.3　监测数据的真实性和可靠性，是保证监测结果分析正确性的前提。一些监测数据，尤其是影响建筑结构安全的监测参数数据，或者是偏离预期或大量统计数据结果异常的数据，若不对其进行可靠性分析直接作统计分析，势必会影响监测结果准确性；尤其是针对异常数据，若直接剔除又可能忽略重要的监测信息。根据第4章历史建筑安全监测的需要，对监测数据的评估可能涉及建筑物的变形/沉降速率、总变形/总应变、不同部位的变形差异等，需要对监测数据进行二次处理和分析。监测是一个系统性工程，与周边环境和工况都有关联性。因此，在进行数据分析时，对某一个参数单独分析往往不能反应真实性，需要结合周边环境和相关工况进行综合性的分析，来正确把握监测对象的真实状态。监测数据分析可采用图表的形式来反映监测数据的变化趋势，一是可使监测结果更加的直观、形象，二是便于发现和分析问题。

7.1.4　监测数据校核可利用有相关性的不同参数的监测结果进行互相校验，如沉降、倾斜、裂缝等。监测数据校核工作首先对数据的有效性和完整性进行校核，确保分析数据的准确和完整，同时还需要对一些与理论发展趋势不一致的数据进行校核，分析数据发生异常的原因，判断是否是监测设备或者环境因素引起，是否影响工程质量和安全，来决定是否需要剔除或者复测，以确保监测结果分析的准确性。

7.2 安全影响评定

7.2.1 历史建筑安全监测影响评定后，监测单位应按现行上海市工程建设规范《优秀历史建筑保护修缮技术规程》DG/TJ 08—108 的相关规定提出后续处理措施建议。现行上海市工程建设规范《优秀历史建筑保护修缮技术规程》DG/TJ 08—108 中第5.6节“结构加固设计”对安全监测可得到的倾斜、裂缝等情况提出了针对性加固设计要求。

7.2.2 结构安全影响评定是监测结果影响评定的重要内容，包括第4章使用安全、施工安全和周边环境影响下的整体结构、构件与连接节点所有结构方面的内容。考虑历史建筑的重要性、构件老化和重点保护部位保护要求等情况，对保护类别较高、特殊材料、关键部位或工况影响的构件建议适当从严。

7.2.3 施工安全包括结构加固、置换、改造、平移、纠偏等，其结构监测安全影响分析应与各施工内容工况分析的结果相符合，因此不得超过工况安全分析结果指标。除结构安全监测外，还应对施工措施所涉及的托换结构监测情况和平移速度、纠偏速率控制值等进行安全影响分析。托换结构监测安全影响分析可参照现行中国工程建设标准化协会标准《建(构)筑物托换技术规程》CECS 295 的相关规定，该标准规定，托换施工时应对托换结构或构件及影响构件进行裂缝监测，裂缝监测宜包括裂缝宽度、深度、长度、走向及其变化，裂缝宽度不得超过国家现行有关标准的要求。现行行业标准《建(构)筑物移位工程技术规程》JGJ/T 239 和《建筑物倾斜纠偏技术规程》JGJ 270 规定了施工、构件监测内容和报警值的设置。

7.2.4 受周边环境影响的安全监测的结构安全影响分析重点内容是结合周边影响的工况情况对安全发展趋势做出预判。因此，安全影响分析应当符合施工工况情况，并根据后续工况对安全影响发展趋势做出预判。

7.2.5 消防安全影响分析以定性分析为主，宜考虑消防系统各组成部分重要程度，分析各部分符合要求的百分率情况。相关监测内容的要求按现行国家标准《建筑设计防火规范》GB 50016 相关要求及现行上海市工程建设规范《优秀历史建筑保护修缮技术规程》DG/TJ 08—108 中的消防设计相关内容核查。考虑优秀历史建筑的保护要求，不改变功能、未调整布局情况下的消防安全影响分析时，宜以不降低原状消防水平作为评判标准。

外装饰安全影响评定可采用以保护要求和安全使用控制的定性分析为主的评定方式，应主要考虑重点保护部位的保护要求，并应考虑面层脱落等使用安全。

材料耐久性影响评定宜采用定性判断和计算预测分析相结合的方式，可对材料弱化引起的构件截面承载力降低程度进行分析，考虑历史建筑房屋质量综合检测内容中可能已经进行过相关的材性检测和结构分析，故建议结合检测报告的结果和结论综合考虑。

7.2.6 安全程度高低由监测单位综合评判提出，保护类别较高的历史建筑确定安全程度时宜适当从严，结构损伤较多、体系较差、后续工况复杂、周边影响加大等情况下的安全程度亦适当从严确定。

7.3 监测成果

7.3.2 数据报表是历史建筑监测成果的主要形式。单次监测工作完成后，监测人员应当及时进行数据处理和分析，形成数据报表，并提供给委托单位和有关方面。数据报表强调及时性和准确性，对监测项目应有正常、异常和危险的判断性结论。

7.3.3 本条规定了历史建筑监测报告的主要类型。

7.3.4 阶段性报告是经过一段时间的监测后，监测单位通过对以往监测数据和相关资料、建筑使用情况、施工工况的综合分析，总结出的各监测项目及整个监测系统的变化规律、发展趋势及其评价，用于总结经验、优化设计和进一步指导后续工作。阶段性监测报告可以是周报、旬报、月报，也可根据工程实际需要不定期提交。报告的形式应当以文字叙述和图形曲线相结合，对于监测项目监测值的变化过程和发展趋势尤以过程曲线表示为宜。阶段性报告强调分析和预测的科学性、准确性，报告的结论要有充分的依据。

7.3.6 总结报告是历史建筑监测工作全部完成后监测单位提交给委托单位的竣工报告。总结报告必须提供完整的监测资料，同时总结工程的经验和教训，为以后类似工程提供参考。

7.3.7 本条对历史建筑监测报表和监测报告的编制提出基本要求。为确保监测工作质量与历史建筑安全，应明确监测相关人员责任，保证监测记录与监测成果的责任落实。

附录A　梁挠度和应变的安全控制值

A.0.1　设计标准规定的梁挠度限值是正常使用极限状态控制中的一个指标，不宜直接用于结构构件的安全性评定和安全监测。本条规定了用于结构构件安全性评定的梁挠度控制值设定的原则性方法。

1　典型的梁构件受力状态分为三个阶段：首先是正常使用阶段，其次是越过正常使用阶段、接近或达到承载能力设计值的阶段，最后是越过承载能力设计值、达到延性破坏（对钢筋混凝土梁或钢梁）或脆性破坏（对木梁）。最大弯矩截面的钢筋拉应变（对钢筋混凝土梁）或最大弯矩截面边缘拉应变（对钢梁和木梁）能从微观上表征构件从正常使用到破坏的全过程受力状态。

2　应根据不同的安全性控制目标确定最大弯矩截面的拉应变控制值。

3　建立梁挠度与最大弯矩截面拉应变的换算关系，根据梁的类型和受力特征确定其换算系数，再根据最大弯矩截面的拉应变控制值确定梁挠度的控制值。

附录A中的拉应变控制值及挠度控制值均指绝对值或总量值。

A.0.2　以安全性控制为目标时，梁拉应变控制值宜根据下列方式确定：

1　无论对于钢筋混凝土梁还是钢梁、木梁，A、B、C三个安全性控制等级中，B级是最基本的要求，它控制梁的承载能力，对应于构件承载力验算，其拉应变控制值根据设计标准规定的材料强度设计值除以弹性模量计算得到。根据上述原则计算可知，历史建筑中常用钢筋或钢材的B级拉应变控制值在1 000 $\mu\varepsilon$～

1 500 $\mu\varepsilon$,常用木材的B级拉应变控制值在1 200 $\mu\varepsilon$~1 600 $\mu\varepsilon$,为工程应用方便,本标准分别统一取为1 200 $\mu\varepsilon$和1 400 $\mu\varepsilon$。

2 A级控制梁的正常使用状态,对应于构件的正常使用极限状态验算。我国设计标准对钢筋混凝土构件、钢构件和木构件的正常使用极限状态验算时的荷载组合方式尚未统一,本标准统一按照荷载的准永久组合效应取值。准永久组合效应与承载能力极限状态时的荷载基本组合效应之比稳定在0.6左右,故A级拉应变控制值可取B级控制值的0.6倍。也就是说,按现行标准正常设计、正常施工、正常使用和维护的梁,最大弯矩截面的应力应控制在强度设计值的0.6倍左右。这就从安全性控制角度为梁的正常使用状态给出了一个较明确的定义,其对应的挠度限值与现行标准中根据使用者的主观感受或与其相连的非结构构件的变形能力给出的挠度限值是不同的。

3 对于钢筋混凝土梁和钢梁等延性构件,C级控制其延性变形能力,以B级挠度限值为基准,挠度延性系数可取2.5~3.5(钢筋或钢材从屈服强度设计值增大至标准值时,其应变和相应的挠度尚有1.1倍左右的增大),则钢筋或钢材的拉应变约为4 000 $\mu\varepsilon$。木梁受弯破坏属于脆性破坏,故C级控制其不发生脆性破坏。试验结果表明,跨中无缺陷的木梁的极限拉应变多在3 000 $\mu\varepsilon$~4 000 $\mu\varepsilon$,但对跨中有缺陷的木梁,其极限拉应变明显降低,本标准偏安全地取C级的拉应变控制值为2 000 $\mu\varepsilon$。

A.0.3 梁的挠跨比与跨中最大弯矩截面拉应变之间有如下关系:

$$\frac{f}{l}=\eta_{\theta}\frac{S}{\xi_{z}}\frac{l}{h}\varepsilon$$

式中:f/l为梁的挠跨比,其中f为梁的最大挠度,l为梁的计算跨度;l/h为梁的跨高比,其中h为梁的截面高度,对钢筋混凝土梁为梁截面有效高度h_0;S为与梁的荷载形式、支承条件有关的受力特征系数；ξ_z 为梁的截面中和轴高度系数；η_θ 为长期挠度增长系数；ϵ 为钢筋混凝土梁的跨中钢筋拉应变，或钢梁和木梁的跨中最大弯曲拉应变。木梁受弯破坏为脆性破坏，该式在木梁脆性破坏前基本适用；钢筋混凝土梁和钢梁受弯破坏为延性破坏，该式基本适用于梁从正常使用至最大弯矩截面钢筋或钢材屈服的阶段；钢筋屈服后，梁出现塑性铰，挠度变形集中于塑性铰位置，该式不再适用，这种情况下可根据梁的延性系数反推梁的极限变形能力。

1 受力特征系数 S。受力特征系数与梁的荷载形式、支承条件有关，可根据弹性梁的最大挠度 f 和跨中最大弯矩 M 按下式计算：$S=EIf/(Ml^2)$。其中，E 为材料弹性模量，I 为截面惯性矩。研究表明，在均布荷载或三分点荷载等不太集中的荷载作用下，两端简支梁的受力特征系数为 0.1 左右，悬臂梁的受力特征系数为 0.25 左右，连续梁或框架梁的受力特征系数为 0.07 左右。对于跨中集中荷载作用下的简支梁、连续梁或框架梁，以及端部集中荷载作用下的悬臂梁，由于荷载分布较集中，受力特征系数应另行研究，不宜直接采用上述经验值。

2 截面中和轴高度系数 ξ_z。开裂后混凝土梁的截面中和轴会向混凝土受压区移动。研究表明，矩形截面混凝土梁的截面中和轴高度系数约为 0.6，现浇楼盖中 T 形截面梁的截面中和轴高度系数约为 0.85。对称截面的钢梁或木梁的截面中和轴高度系数为 0.5。

3 长期挠度增长系数 η_θ。对于钢筋混凝土梁和木梁，尚应考虑长期挠度增长的影响。参考我国相关设计标准，对钢筋混凝土梁，矩形截面梁 η_θ 取 1.8，带现浇楼板的非悬臂 T 形截面梁 η_θ 取 1.6。国内外的研究表明，环境潮湿程度对木梁的蠕变变形影响很大，参考美国和欧洲标准的规定，对处于干燥环境和潮湿环境中的木梁，η_θ 分别取 1.6 和 2.0。对钢梁，η_θ 取 1.0。

4 楼板对钢梁、木梁挠度的影响。混凝土楼板或压型钢板混凝土楼板与钢梁整体连接时，钢梁变为钢与混凝土组合梁。根据钢与混凝土组合梁的相关设计理论，考虑楼板与钢梁间的相对滑移、负弯矩区刚度变化、截面中和轴高度变化、截面高度增大等影响，其对梁挠度的综合影响（降低）系数约为 0.75 左右。当木楼面板与木梁采用钉连接时，木楼面板的综合影响系数约为 0.95 左右。楼板对悬臂梁的挠度几乎没有影响。

根据上述条件，并对梁的拉应变控制值按 A.0.2 条取值进行计算，可得到不同安全性控制等级下各种梁的挠度控制值，分别见本条正文第 1～3 款。

附录B 建筑不均匀沉降对结构的影响分析

B.0.2,B.0.3 多层砌体结构多采用刚性楼盖体系，砌体墙(柱)的计算模型多采用上下端铰支的单层构件，假定上层传来的荷载作用在墙(柱)截面中心，但需考虑本层楼(屋)盖荷载对构件产生的偏心距影响。根据这个计算模型，柱或墙(平面外)倾斜必然会对构件产生附加偏心距，其数值等于层高与倾斜率之乘积。由此可分析倾斜引起的附加偏心距对构件承载力的影响，影响系数根据式(B.0.2)计算，主要与构件的倾斜率及高厚比有关。但国家标准《砌体结构设计规范》GB 50003—2011 规定的砌体构件计算高度取值方法不够准确，而行业标准《高层建筑混凝土结构技术规程》JGJ 3—2010 规定的墙肢计算高度计算方法，区分了构件的不同边界条件，计算结果较精确，可用来计算砌体构件的计算高度(即B.0.3条)。

分析结果表明：平面外倾斜会对砖墙承载力产生明显的不利影响；倾斜率相同时，砖墙高厚比越大，其承载力降低幅度越大；对于高厚比在5～15范围内的砌体构件，平面外倾斜率为3‰时，受压承载力影响系数在0.92～0.98，故当平面外倾斜率超过3‰时，应考虑其对受压承载力的不利影响。平面外倾斜率为3‰、7‰、1%、2%和3%时，高厚比为9.6的砖墙的受压承载力影响系数分别为0.95、0.88、0.83、0.67和0.50。

平面内倾斜对砖墙承载力影响很小，一般可不予考虑。

B.0.4 整体倾斜对框架、排架、木构架结构的影响，体现在结构的重力荷载在垂直于结构竖向构件方向产生了一个微小分量，因此可采用等效侧向荷载法进行计算分析，其各层侧向荷载是楼层重力荷载代表值与倾斜率之乘积。上海地区的抗震设防烈度为

7度，对层数不多的多层结构，基本周期大致处于设计地震反应谱的平台段，则结构验算时多遇水平地震作用为重力荷载代表值的0.08倍。按照等效侧向荷载法，整体倾斜率超过4‰时，整体倾斜引起的等效水平荷载超过7度多遇水平地震作用的5%，应该考虑整体倾斜的影响；当整体倾斜率为7‰、1%和2%时，整体倾斜引起的等效水平荷载分别达到7度多遇水平地震作用的9%、13%和25%。

由上述分析可见，当建筑的整体倾斜较大时，对结构产生的附加内力不可忽略。如结构为纯框架、排架，则很可能引起结构构件承载力不足，但实际结构中的砌体填充墙在抵抗结构的平面内倾斜中可以发挥很大作用，考虑其影响可大幅度降低倾斜引起的结构构件附加内力；由于倾斜引起的框架梁附加内力主要发生在梁端，考虑现浇梁板的协同工作，也有助于降低倾斜对框架梁的不利影响。

B.0.5 按照第B.0.4条的等效侧向荷载法，可以全面分析整体倾斜对钢筋混凝土框架的影响。但当不具备对整体结构进行计算分析的条件时，也可直接按本条方法将不考虑整体倾斜影响的结构构件承载能力乘以一个折减系数。公式(B.0.5-1)和公式(B.0.5-2)是基于反弯点法及国家标准《混凝土结构设计规范》GB 50010—2010建立的经验公式。比较分析表明，当倾斜率较小时，钢筋混凝土柱与砌体构件受压承载力的降低幅度差别不大；纵筋对钢筋混凝土框架柱抗倾斜能力的提高作用在倾斜率较小时不明显，而在倾斜率较大时越来越明显。采用上述方法计算得到的整体倾斜对钢筋混凝土框架柱、梁承载力的影响系数，也可考虑砌体填充墙、现浇梁板协同工作的有利作用进行调整。

B.0.6 将建筑的不均匀沉降区分为整体倾斜(整体不均匀沉降)和局部不均匀沉降后，整体倾斜相当于与沉降的一阶导数相关部分，局部不均匀沉降相当于与沉降的二阶导数相关部分，引起上部建筑裂缝损伤的主要是后者。本标准主编单位上海市建筑科学研究院有限公司在调研国内外研究成果的基础上，提出用沉降区段的相对倾角、右端角变形、中点角变形等参数来表征局部不均匀沉降，并通过理论分析、试验研究和工程验证，建立了基于上部建筑砖墙裂缝宽度的局部不均匀沉降分级控制值。以深梁理论分析，沉降区段的不均匀沉降是其右端截面转角与右端角变形之和，也是其中点截面转角与中点角变形之和，也是右端斜率（沉降曲线在该沉降区段右端的一阶导数）与相对倾角之和。

上海市工程建设规范《地基基础设计规范》DBJ 08—11—1989 曾提出一个“相对弯曲”的沉降控制参数，定义为因不均匀沉降引起的房屋基础中部相对于两端的弯曲矢高与房屋长度之比，该标准对多层砌体结构给出的相对弯曲实测值为 0.0003～0.0008，对采用箱形基础的多层现浇框架结构给出的相对弯曲实测值为 0.0000～0.0006。相对倾角与相对弯曲两个参数既有区别又有联系：一是相对倾角比相对弯曲控制更精细，前者可较精细地控制不同沉降区段，而后者只能策略性地控制整个建筑；二是如果沉降区段长度与建筑长度相等，则前者约是后者的 4 倍。

研究表明，除了屋盖刚度很差的砌体结构房屋在周边基坑工程影响下可能发生弯曲形破坏，宜用相对倾角控制其局部不均匀沉降外，其他情况的局部不均匀沉降多引起剪切形破坏，可用中点角变形来控制。由深梁理论可知：由于沉降区段中点斜率是其中点截面转角和区段剪切变形之和，而区段中点斜率可用区段两端的相对沉降代替，故区段的中点角变形实质上就是其剪切变形。深梁截面中和轴位置的剪切变形与主拉应变有明确的换算关系，而主拉应变可粗略地用一定长度范围内墙段的裂缝宽度（多条裂缝时，取多条裂缝宽度之和）与墙段长度之比来表达，因此，沉降区段的中点角变形与上部建筑砖墙裂缝宽度之间有较明确的关系。工程经验表明，在不均匀沉降作用下，历史建筑框架结构中的砖砌体填充墙一般早于框架梁柱发生开裂，因此，与砌体结构中的砖墙类似，上述砖墙裂缝宽度与沉降区段的剪切变形之间的关系对框架中的砖砌体填充墙也基本成立。若与基本完好、轻微损坏和中等损坏三个等级对应的砖墙裂缝宽度分别为0.1 mm、1 mm 和 5 mm，则砖墙的主拉应变分别为 0.4‰、0.75‰和 1.5‰，沉降区段的中点角变形控制值可略偏于安全地取为 0.67‰、1‰和 2‰。

本标准主编单位上海市建筑科学研究院有限公司依托国家“十二五”科技支撑计划课题“城市建筑物安全运营保障技术”(2012BAJ07B04)，对中点角变形、砖墙主拉应变与砖墙裂缝宽度之间的关系进行了系统的试验研究和工程实例验证。在此列出一个代表性工程案例的分析结果，以便于更好地理解本标准条文。

案例：上海金桥路 226 弄 17 号周边基坑开挖引起建筑沉降分析

上海军工路隧道浦东岸上段全长约 860 m，由浦东工作井、暗埋段、敞开段和浦东接线道路组成。第一施工区基坑范围包括工作井、暗埋段，总长约 99 m，宽度为 35.3 m～46.5 m，开挖深度范围为19.2 m～26.9 m，采用明挖法施工，结构形式采用地下框架和箱型结构。位于军工路隧道浦东岸上段第一施工区西侧的金桥路226 弄 17 号房距离基坑最近距离为 42.3 m。房屋建于 1976 年，砖混结构，原为五层，1994 年加建为六层。房屋的建筑平面为矩形，南北向总宽度为 9.85 m，东西向总长度为 25.8 m。房屋总高度为17.2 m。房屋为砖墙承重，楼屋盖为预制多孔板或预制槽形板。原房屋五层均未设圈梁及构造柱，后建六层设构造柱，屋面设统圈梁。图 1 为基坑与房屋的相对位置关系。施工期间房屋的累计沉降量均在 13 mm～45 mm，沿房屋纵向呈抛物线形分布。施工期间房屋纵向沉降分布曲线见图 2。

施工前后，房屋均略向东、向北倾斜，施工后倾斜量有所增大。向东从平均 3.15‰增大至 3.48‰(增大 0.33‰)，向北从平均 3.99‰增大至 4.16‰(增大 0.17‰)。施工结束后，门窗角部裂缝宽度变大和增多较普遍，新增裂缝宽度在 0.05 mm～1.5 mm，原有裂缝宽度增大了 0.05 mm～0.5 mm。除门窗角裂缝外，承重墙体未出现严重开裂，少数墙体新增裂缝宽度在 0.05 mm～0.6 mm。少数位置出现墙体与顶板接缝和纵横墙交接处裂缝。

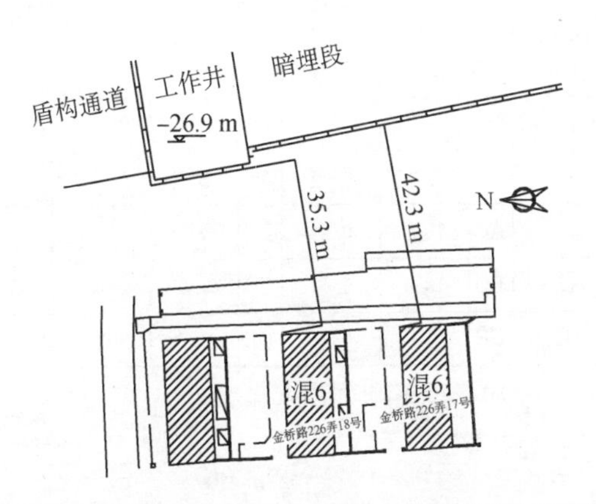

图 1　军工路隧道浦东岸上段基坑与影响房屋的相对位置

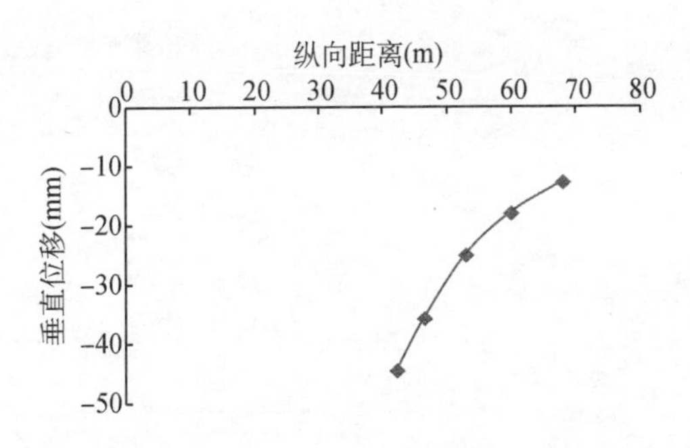

图 2　基坑施工期间房屋纵向沉降分布曲线与房屋的相对位置关系

表 3 列出根据房屋纵向沉降监测结果计算的相对倾角、中点角变形和主拉应变等沉降变形参数，计算求得两幢房屋纵向的中点角变形为 0.31‰～1.17‰。本标准表 6.0.4 中对应于实际裂

缝宽度增量约为 0.05 mm～1 mm 的中点角变形增量值为 0.3‰～1.0‰。可见表 3 中计算的中点角变形与裂缝宽度基本吻合。

表 3　金桥路 226 弄 17 号纵向沉降变形参数计算结果

测点编号及位置（m）		累计垂直位移（mm）	墙段编号及长度 l（m）		墙段长高比 l/H	墙段相对沉降（‰）		相对倾角（‰）	主拉应变（‰）	中点角变形（‰）
A	42.3	−44.35	—	—	—	—	—	—	—	—
B	46.6	−35.53	—	—	—	AB	2.1	—	—	—
C	53.0	−24.85	AC	10.7	0.54	BC	1.7	−0.38	0.20	0.31
D	60.0	−17.81	BD	13.4	0.67	CD	1.0	−0.66	0.73	1.17
E	68.0	−12.6	CE	15	0.75	DE	0.7	−0.35	0.70	1.12

注：房屋高度 H＝20 m（自基础底面算起）。